KB043206

외교관 엄마의 떠돌이 육아

이 도서의 국립중앙도서관 출판예정도서목록(CIP)은 서지정보유통지원시스템 홈페이지(http://seoji.nl.go.kr)와
국가자료공동목록시스템(http://www.nl.go.kr/kolisnet)에서 이용하실 수 있습니다.(CIP제어번호: CIP2015034382)

격렬하기 짝이 없는

외교관 엄마의 떠돌이 육-아

유복렬 지음
세린+세아 그림

foreword

엄마와 아이, 함께 행복해지는 육아

"한국은 불과 몇십 년 만에 큰 발전을 이루었습니다. 그 비결이 무엇입니까?"

외교관인 내가 직업상 만나는 세계 각국의 다양한 사람들한테서 가장 많이 받는 질문이다. 그들이 진심으로 나의 답을 기다리고 있음이 느껴지는 질문이기도 하다.

"인적자원입니다. 바로 '교육의 힘'이지요. 한국은 영토가 작은 데다 천연자원이 거의 없거든요. 가진 거라고는 사람밖에 없는 나라예요. 인력이 곧 국력이 된 것입니다."

제법 외교적인 용어를 동원해서 점잖게 설명하지만 나도 모르게 내 목소리에 힘이 들어간다.

교육의 힘, 우리네 부모들은 너나 할 것 없이 모두 그 힘을 믿는다. 그리고 경험으로 알고 있다. 그래서 대한민국은 교육열이 식지 않는 나라다.

조기교육, 영재교육, 감성 교육… 좀 더 효율적이고 남보다 앞설 수 있는 교육 방식이라면 물불을 가리지 않는다. 내 아이가 이 험한 세상에서 남들보다 유리한 고지를 선점하고 다른 아이들과의 경쟁에서 뒤처지지 않도록 해주기 위해 부모들은 온갖 아이디어를 짜낸다. 그래서 생기는 숱한 부작용도 우리가 안고 있는 사회문제다. 하지만 우리의 교육열만큼 순수한 동기와 정당한 열정에서 출발한 것이 또 있을까. 그것이 없었다면 오늘날의 한국은 결코 존재하지 못했을 것이다.

외교관이라는 직업 정신에 기반하여 우리나라의 교육열에 대해 애국심 넘치는 논거를 펼치다 보면, 미처 다 이야기하기도 전에 내 가슴을 짓누르는 묵직한 돌덩이가 느껴진다.

'과연 나는 내 아이들을 위해 교육열이라는 것을 가져본 적이 있는가?'

갑작스러운 자각에 막연한 죄책감이 밀려온다. 매일 아침 내 출근 준비를 하는 것만으로도 하루의 시작이 늘 버겁다. 아이들은 각자 알아서 아침밥을 대충 챙겨 먹고, 뛰다시피 하는 엄마를 따라 학교에 갔다. 오늘의 중요한 학교 일과가 뭔지, 숙제는 했는지, 준비물은 챙겼는지, 제대로 관심을 가져본 적이 없다. 내가 만나야 하는 주재국 인사에게 어떻게 접근해서 본부로부터 지시받은 사항을 매끄럽게 처리할지 이런저런 가설을 머릿속에 세워보고 설득 논리를 만들어보느라 다른 생각을 할 겨를이 없는 날들이 대부분이다.

태교, 육아, 교육, 나는 정말이지 그 어느 것 하나 제대로 해본 적이 없는 아마추어 엄마다. 전쟁터 같은 치열한 국제 무대에서 외교 협상을 벌여야 하는, 직장 생활만으로도 힘들고 고단한 워킹맘이다. 그래서 이 책은 아이들의 성장기이자 엄마인 나 자신을 위로하고 토닥이는 글이기도 하다.

나와 두 딸의 이야기. 외교관 엄마를 둔 탓에 이 나라 저 나라를 떠돌며 자라온 아이들을 통해 보고 느낀 것을 적은 솔직한 육아 에세이이다. 젊은 시절 프랑스에서 유학 생활을 하고 외교관이자 엄마가 되어 다시 프랑스에서 활동하면서 나는 물론 내 아이들에게 가장 큰 영향을 미친 프랑스의 교육 문화, 그리고 프랑스와는 색깔이 전혀 다른 미국에서의 생활, 이 두 나라의 이야기를 주로 담았다. 엄마가 부임지를 옮길 때마다 새로운 환경에서 새로운 언어를 배우고 새로운 친구를 사귀면서 새로운 문화를 터득해야 하는 두 딸의 적응 과정을 통해 본 프랑스와 미국의 교육 이야기이기도 하다.

외교관 엄마로서 직장 생활과 육아라는 어마어마한 무게의 두 바퀴를 힘겹게 굴려야 하는 이 땅의 모든 워킹맘과 마찬가지로 매일매일 새로운 각오를 다진다. 하지만 무조건 아이를 감싸고 이해하는 '훌륭한 엄마'가 되는 것보다는, 엄마를 이해해줄 수 있는 '속 깊은 아이'로 자라도록 돕는 것이 나와 아이들이 '함께 행복해지는 육아'라고 감히 말하고 싶다. 그리고 내 딸들에게 이렇게 말하고 싶다. "얘들아, 고마워…."

2015년 12월

북아프리카 알제리에서

유복렬

contents

차 례

play

chapter. 2

훌쩍 커버린 아이들, **엄마는 살짝 도울 뿐**

Bon
Voyage!
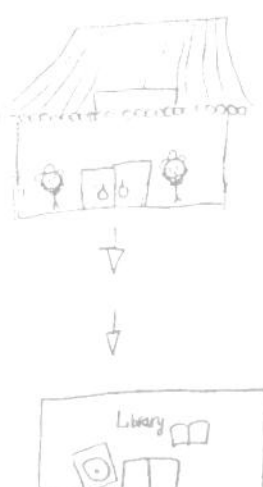
Library

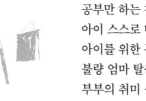

prologue

엄마, 외교관이 뭐하는 거예요

나는 직업 외교관이다. 엄마가 되기 전에 외교관이 되었고, 내 아이를 만나기 전에 35년을 살았다. 엄마가 되고, 아이들을 키우고, 가족을 돌보는, 어찌 보면 평범하고 자연스러운 그 역할보다는 외교 협상을 하고, 국제 정세를 분석하고, 의전 수행을 하고, 영사 업무를 하는 데 더 익숙한, 소위 '프로'를 자처하는 전문 직업인이다.

그런 엄마를 둔 내 아이들은 태어나면서부터 자기들의 의지와는 전혀 상관없이 엄마의 해외 근무지를 따라 함께 떠도는 '기구한' 인생을 살았다.

큰애 세린은 서울에서 태어나 두 돌 반이 채 되기 전에 엄마 따라 프랑스로 가서 한국말보다 프랑스 말에 먼저 익숙해졌고 그곳에서 5년 터울의 동생을 보았다. 파리에서 태어난 둘째 세아는 생후 6개월 만에 서울로 들어왔다가 두 돌 반이 지나자마자 아프리카 대륙 북쪽 끝에 붙은 튀니지라는 나라에서 현지 유치원을 다니며 엉겁결에 해외 생활에 적응하게 되었다. 2년여의 튀니지 생활을 접고 다시 프랑스로 건너와 또다시 3년 반을 지내는 동안, 두 아이는 눈코 뜰 새 없이 바쁜 엄마의 얼굴을 자주 보지도 못한 채 자기들끼리 사는 방식을 터득해나갔다.

튀니지와 프랑스를 거치며 5년 반 동안 이어진 해외 근무를 마치고 다시 서울로 들어와 세린은 중학교 1학년, 세아는 초등학교 2학년에 입학했다. 기대 반 두려움 반으로 시작한 한국에서의 학교생활은 또 다른 도전이었지만 두 아이 모두 제법 잘 적응해나갔다. 친구도 사귀고 매운 떡볶이 맛도 알게 되고 K-POP의 열성팬이 되어가는가 싶더니 1년 반 만에 또다시 짐을 꾸려 이번에는 미국으로 건너갔다. 그리고 미국 생활 2년 반이 지나는 시점에 알제리로 발령이 나서 아이들은 엄마와 헤어져 한국으로 돌아왔다. 열여덟 살, 열세 살이 된 두 딸아이의 인생 여정은 다채롭다 못해 참으로 격렬하기 짝이 없다.

"엄마, 도대체 외교관이 뭐하는 사람이에요? 무슨 일을 하는 거죠? 엄마가 대통령하고 같이 사진도 찍고 그러는 걸 보면 뭐 중요한 일을 하는 것 같기는 한데 말이에요. 근데 무슨 일을 하는 건지 정말 알 수가 없어요. 이분은 언제 대통령이었죠? 한참 전인가요? 나이가 좀 할아버지 같은데…. 그럼, 엄마는 오바마 대통령도 만날 수 있어요? 오바마, 아직 대통령 맞죠?"

오래된 엄마의 사진을 열심히 들여다보던 세아가 물었다. 2000년 10월 김대중 대통령과 프랑스 시락 대통령 사이에 앉아 정상회담 통역을 하고 있는 사진이었다. 열 살 난 막내의 이 마지막 질문에 나는 그만 참았던 폭소를 터트리고 말았다. 아이는 '엄마가 또 왜 저러나' 하는 표정으로 대답을 기다리고 있었다.

"응, 오바마 아직 대통령 맞아. 앞으로 2년은 더 대통령일 거야. 세아가 정말 한국말을 잘하는구나. '도대체' 같은 표현도 다 쓰고 말이야."

"그거야 뭐, 다들 쓰는 말인데요 뭐. 그냥 '대체'라고도 하더라고요."

아이는 특유의 확신에 찬 어조로 대수롭지 않다는 듯, 그러면서도 엄마의 칭찬이 꽤나 마음에 든다는 표정으로 대답했다.

자신의 의견을 표현하는 데 있어 항상 당당한 세아는 어른들이 자기 질문에 대답을 안 해주면 곧바로 직격탄을 날린다.

"제가 질문을 드렸는데 왜 대답을 안 하시죠?" 아니면 "제가 대답을 기다리고 있는데요."

일일이 대답하기 어렵거나 혹은 귀찮을 정도로 질문을 퍼붓고 있다는 사실을 일부러 모르는 체하는 듯했다.

세아가 어쩌다 이렇게 존댓말을 잘하게 되었는지는 잘 모르겠지만, 아무튼 어른들과 이야기할 때는 철저하게 존댓말을 썼다. 둘째가 존댓말이라도 잘하는 것이 그나마 다행이라는 생각을 종종 한다. 존댓말도 못하면서 이렇듯 당당하게 자기주장을 펴고 직설 화법으로 집요하게 질문을 던져댔다면 분명 꽤나 버릇없어 보였을 테니 말이다.

'직격탄, 그래 그 스타일도 유전일 테지' 나의 말하는 방식과 흡사한 세아의 질문 공세를 받으며 내 자신의 모습을 보는 것 같아 약간의 가책이 느껴졌다. 그러면서도 한편으로는 이리저리 떠도는 엄마의 직업 때문에 친구도 제대로 사귀지 못한 아이들이 구김살 없이 매사 긍정적인 태도를 가지면서 성장해준 것에 그저 감사할 따름이었다.

이렇게 이어진 엄마의 근무지 발령 구도에 따라 아이들은 이번엔 또 어느 나라로 가나, 어떤 학교에 다닐까, 얼마 동안 살게 될까, 그 다음엔 또 어디로 가게 될까 하는 궁금함 속에 무작정 길을 떠난다. 2~3년 주기로 살고 있는 나라와 단절하고 보따리를 꾸려 또 다른 나라로 옮겨가는 비연속적인 삶을 살고 있는 것이다. 아이들에게 현지 적응은 선택이 아니다. 무조건 그리고 최단 시간 내에 적응해서 자신의 삶을 살아가야 한다.

사람들은 종종 내게 이렇게 말한다.

"그렇게 이 나라 저 나라로 돌아다니다 보면 아이들 적응력 하나는 정말 좋겠어요." "외국어 공부는 걱정 없겠어요. 너무 부러워요. 영어도 프랑스어도 자동으로 할 거 아니에요."

그런 말을 들을 때마다 속상한 생각이 들거나 혹은 '남의 일이라고 쉽게 말하는구나' 하는 서운함이 밀려들곤 한다. 세상에 자동으로 되는 일이 어디 있겠는가. 미래에 대한 불확실성, 지속되지 않는 한시적인 삶, 명절이든 생일이든 달랑 우리 식구끼리만

지내야 하는 외로움, 어느 문화에도 온전하게 속할 수 없는 소외감, 항상 붕 떠 있는 듯한 느낌으로 살아야 하는 이 고달픈 떠돌이 생활은 뭔지 모를 묵직한 짓눌림 속에서 하루하루를 보내야 한다.

프랑스에서의 첫 해외 근무를 마치고 한국으로 돌아와 서울 외교부 본부에서 근무를 한 지 얼마 되지 않은 때였다. 해외 출장을 가기 위해 작은 트렁크를 꺼내 두 아이가 놀고 있는 거실로 가지고 나왔다. 트렁크를 본 여섯 살 큰애가 느닷없이 이렇게 소리쳤다.

"엄마, 또 파리 가요? 나 안 가요. 가기 싫어요!"

아이의 너무나 단호한 의사 표현에 순간 당황했다. 평소 자기 주장에 그다지 적극적이지 않은 아이이기 때문에 더 그랬는지도 모른다.

"정말이야? 그럼 엄마 혼자 가라고? 엄마랑 떨어져 살아도 괜찮아?"

아이는 대답을 하지 못했다. 엄마 혼자 파리에 가서 살라는 말은 차마 하지 못하면서도, 엄마 혼자 가면 외로울 테니 자기가 같이 가주겠다는 선심은 선뜻 쓰지 못하고 있었다. 어린 녀석이 속으로 심각하게 갈등하고 있는 것이 느껴졌다.

"엄마, 난 한국이 좋아요. 엄마도 파리 가지 말고 여기서 할아버지, 할머니, 이모랑 그냥 같이 살아요, 네?"

순간 가슴이 찡하게 아파왔다. 철들기도 전에 다른 가족들과 떨어져 외국에서 지냈던 기억이 아이한테는 뭔지 모를 상처로 남은 것이다. 사사건건 온갖 에티켓을 꼬치꼬치 따져대며 아이들이라고 결코 봐주는 법이 없는 빡빡한 프랑스 교육 문화를 난생 처음 접하면서 나름대로 무척이나 시달렸나 보다 하는 생각에 아이한테 미안한 마음이 밀려들었다.

아이의 트렁크 공포증은 두고두고 내 마음을 아프게 했다. 겉으로 비치는 해외 생활에 대한 막연한 환상과는 달리, 실제로 타국으로 이사 다니며 정착할 시간적 여유도 없이 주어진 여건에 맞춰 반강제로 살아야 하는 삶의 패턴은 어린아이에게는 차라리 고통일지도 모른다.

그나마 그런 환경 속에서 엄마한테 크게 부담 주지 않고 자기 나름대로의 방식을 찾아 적응하고, 기죽지 않고 명랑하게 살아가면서 이제는 서서히 엄마의 직업을 이해하기 시작하는 세린과 세아. 두 딸들과 함께한 시간들이 한없이 고맙고 가슴이 아릴 정도로 애틋하기만 하다.

chapter. 1

프랑스–한국–튀니지…
엄마와 아이의 생존기

나는 떠돌이 외교관 엄마다

외교관의 해외 근무, 판짜기

프랑스로 첫 번째 해외 근무 발령을 받은 것은 2000년 12월이었다.▼ 6개월마다 정기 인사가 있는 부처여서인지 외교부는 늘 인사 문제로 북적댄다. 외교부는 다른 정부 부처와는 달리 대부분의 경우 해외 근무지를 놓고 직원 인사를 한다. 그러다 보니 함께 부임지로 가서 살아야 하는 온 가족의 운명이 바로 인사 결과에 달린 셈이다.

부임지는 크게 '비특수지'와 '특수지'로 구분하는데, 보편적으로 비특수지는 그다지 큰 어려움 없이 살 만한 나라, 특수지는 말 그대로 특수한 상황에 처해 있거나 근무 여건이 열악하여 소위 '험지'로 지칭되는 나라이다. 일상적으로 구분되는 선진국, 후진국 개념과는 전혀 다르다. 거기다 직원들의 선호도도 주된 고려

▼ 우리나라 외교관들은 통상 부임 2개월 전에 발령을 받는다. 보통 2월과 8월에 부임하는데 2월 인사를 '춘계인사', 8월 인사를 '추계인사'라고 구분한다.

요소다.

이 두 카테고리를 다시 몇 개 그룹으로 세분화해서 인사 배치를 하게 되는데, 외교부에서는 이 작업을 '판짜기'라고 부른다. 세계지도를 펼쳐놓고 직원들을 이리저리 배치하는데, 그때마다 직원들의 이름이 북반구에서 남반구로, 동남아시아에서 중남미로, 적도에서 시베리아로, 전 세계를 마구 돌아다닌다. 180개 가까이 되는 재외공관에 직원들을 적재적소에 그리고 형평성 있게 배치하는 일은 단순히 '한판 짜는' 일이라 부르기에는 너무도 어려움이 많다.▼

'특수지' 여부를 구분 짓는 가장 큰 기준은 치안, 기후, 위생, 교육 환경, 의료 시설 등이다. 유엔에서 공식적으로 책정해놓은 기준이 있어 우리나라 외교부도 상당 부분 그 기준을 참고한다. 얼마 전부터는 건강수명지수▼▼, 환경지수, 선호도 등의 기준을 적용하고 있다. 다만 우리나라의 주요 외교 관계와 국제 정책의 경중을 따져, 소위 4강으로 불리는 주요국은 외적 기준과는 무관하게 A급 공관으로 분류된다. 미국(워싱턴), 중국(베이징), 러시아(모스크바), 일본(도쿄) 네 곳이 외교부 내에서도 핵심 주류를 형성하는 공관이다. 거기다 UN 대표부(뉴욕), EU 대표부(브뤼셀), OECD 대표부(파리)와 같은 국제 다자기구 본부가 있는 곳도 A급 공관에

▼ 우리나라 외교부의 외교관은 1900여 명이다. 이 가운데 1200여 명이 전 세계 180여 개 재외공관에서 근무한다. 일본의 경우 재외공관이 230여 개에 달하며 외교관 숫자는 우리의 두 배가 넘는다.

▼▼ '건강수명지수'란 일반적인 평균수명과 달리 유엔이 정한 건강하게 살 수 있는 각국별 연령지수이다. 우리나라의 건강수명은 대략 70세 정도로 기대 수명인 80세와 약 10년 정도 차이가 있다.

속한다. 직원들의 선호도가 워낙 높기 때문이다.

그와는 반대로 현재 교전 중에 있거나 이라크나 아프가니스탄처럼 언제 로켓포가 떨어질지 모르는 급박한 정세에 처해 있는 곳은 특수지 중에서도 '최험지'로 분류되어 가족을 동반하지 못하고 직원 혼자 '단신 부임'한다.

나머지 국가들은 여러 기준들을 객관적으로 적용해서 소위 '생활 난이도'에 따라 구분된다. 툭하면 무장 강도들이 날뛰어서 바깥출입은 물론이고 집 안에서도 불안에 떨어야 하는 나라가 있는가 하면, 언제 걸릴지 모르는 말라리아 공포에 시달리거나, 수시로 터지는 자폭 테러범들의 폭탄 때문에 두려움에 떨어야 한다거나, 특수한 현지어로 교육하는 학교 외에는 전혀 교육 시설이 없거나, 여자 혼자서는 운전도 못 하게 한다거나, 제대로 치료받을 병원이 마땅치 않아 이웃 나라로 의료 원정을 가야 한다거나, 특이한 풍토병이 있다거나 등등 그 기준은 정말 여러 가지다. 어느 것 하나 사는 데 있어 만만히 볼 수 없는, 그야말로 경중을 따지기 힘든 요소들이다.

상황이 이렇다 보니, 결국 어느 부임지로 발령이 나느냐가 외교관 당사자는 물론이고 그 가족들의 운명을 결정짓는 어마어마한 '사건'일 수밖에 없다. 외교관의 '판짜기'는 곧 살얼음판 위에서 어려운 퍼즐을 맞추는 것과 진배없다.

이 '판짜기'를 그나마 공정하게 끌어주는 것이 선진국과 후진국 근무를 순환하도록 하는 대원칙이다. 이것을 우리 외교관들은 '냉탕-온탕 순환'이라고 부른다. 모든 직원들이 선망하는 '최선호' 공관에서 3년간 근무하고 나면 어김없이 모두가 기피하는 '최험지' 공관으로 가서 2년 이상 근무해야 한다. 직원들은 험지 근무를 의무화해놓은 인사 규정을 두고 흔히 '병역 의무'라고 표현하곤 한다.

그렇게 나는 첫 해외 근무 발령을 받았다. 두 달 남짓 준비 기간을 거쳐 2001년 2월에 프랑스로 부임할 예정이다. 대학을 졸업한 1985년에 프랑스 유학을 떠나 박사 학위를 받은 1992년에 바로 귀국했으니, 프랑스를 떠난 지 거의 10년 만에 다시 돌아가는 것이다. 이번엔 스물두 살 혈혈단신 유학생의 신분이 아닌 대한민국의 외교관이자 아이 엄마가 되어….

죽이 되든 밥이 되든 함께 산다

막상 해외 근무 발령을 받고 보니 그때까지 막연하게 고민했던 일들이 불화살이 되어 발등에 떨어졌다. 결혼 적령기를 훌쩍 넘긴 나이에나마 노처녀 딱지를 뗀 나는 아이를 낳고 세 식구를 이룬 지 얼마 되지 않은 때였다. 그런데 이번 해외 발령으로 '국제 이산가족'이 될 것인가 '뭉친 가족'이 될 것인가 둘 중 하나를 택해야 하는 기로에 서게 된 것이다.

방랑길을 누구와 함께하느냐는 쉽게 풀 수 없는 그야말로 실존적인 문제였다. 나 혼자 갈 것인가, 아이만 데리고 둘이 갈 것인가, 식구 셋이 모두 갈 것인가. 답이 잘 보이지 않았다. 늦게 한 결혼인데 이제 와서 또다시 혼자 살아야 하나, 많이 어린 딸은 어떡하지 등 고민은 더욱 깊어졌다. 해외 근무가 눈앞에 닥치고 보니 난감한 게 한두 가지가 아니었다.

외교관이라는 직업의 가장 큰 고충이 바로 '떠돌이'라는 데 있다. 어느 한군데 정착해서 살 수 없는 속성은 물론이고 다음 근무지도 전혀 예측할 수가 없다. 이런 현상은 근무 기간이 오래된 외교관일수록 더욱 심해진다. 직급이 올라감에 따라 그에 맞는 외교부 본부의 보직은 한정되어 있으니 보직을 받지 못하면 본부로 들어오지 못하고 계속 재외공관을 떠돌 수밖에 없기 때문이다. 소위 '인공위성'이 되는 것이다. 게다가 근무 기간의 대부분을 재외공관에서 보내야 하는 직업의 속성상 결혼한 외교관의 경우 부부 중 어느 한쪽의 일방적인 희생 없이는 해외 근무를 할 수가 없다.

외교관의 여정은 파란만장하다. 그 때문에 외교관을 따라나서는 가족들의 삶도 고단하기 짝이 없다. 대외적으로 널리 알려지지 않았을 뿐 험지 근무 중에 댕기열 같은 풍토병으로 어린 자녀를 잃은 가슴 아픈 사연도 있다. 해발 2000미터가 넘는 남미 고산지대에서 근무하다가 뇌출혈로 쓰러진 외교관, 이름도 모르는 풍토병으로 간이 손상돼 거무죽죽하게 타들어간 얼굴로 평생 약에 의존하게 된 외교관, 아프리카에 근무하면서 말라리아모기에 물린 후유증으로 평생 불구가 된 외교관의 가족. 대부분의 재외공관이 이런 열악한 환경의 국가에 설치되어 있다 보니, 어쩔 수 없이 이산가족으로 살아야 하는 외교관들이 많다. 모두들 가족과 떨어져 지내야 한다는 사실 그 자체를 가장 힘들어한다.

나의 첫 해외 발령은 다행히 생활환경이 좋은 프랑스지만 결정은 쉽지 않았다. 하지만 우리 부부는 하나의 대원칙을 세웠다. 죽이 되든 밥이 되든 가족은 한 지붕 아래 살기! 결혼이 늦은 편인 우리 부부로서는 어렵사리 결혼을 해놓고 헤어져 살 수는 없었다. 일단 이산가족은 되지 않는다는 큰 목표를 정하고 나니, 그 외의 많은 문제들이 원칙을 벗어나는 것과 그렇지 않은 것, 이 두 가지만으로 구분되었다. 눈앞에 두 갈래 길만 놓인 셈이다. 어차피 두 길을 모두 갈 수는 없으니 둘 중 하나를 선택하면 된다.

그렇게 우리 세 식구의 떠돌이 여정이 시작됐다. 어쨌든 하나의 길을 선택한 것이다. 만약 그때 다른 길을 선택했더라면 어땠을까. 그 이후로 둘째가 태어나고 셋도 아닌 넷이서 보따리를 쌌다가 풀었다가를 반복할 때마다 늘 이 생각을 하게 된다. 너무나 많은 것들이 지금과는 분명 다를 것이다. 어린 딸은 익숙한 환경에서 성장했겠지만 함께 누리는 가족의 삶은 없었을 것이다. 하지만 우리는 온 가족이 함께 가는 길을 선택했고, 그렇게 아이들에게는 외교관 엄마를 둔 딸로서의 삶이 펼쳐졌다.

첫째 '세린'의 '셀린' 인생

첫딸의 이름 '세린'은 사실 내 필명이었다. 7년의 모진 프랑스 유학 생활을 마치고 귀국할 즈음 나는 작가로 데뷔하겠다는 꿈에 부풀어 있었다. 프랑스 소설가 앙드레 말로▼를 전공하여 석사, 박사 학위를 차례로 받는 동안 또 한 사람의 프랑스 소설가 루이-페르디낭 셀린▼▼을 몹시 동경하여 '셀린'을 한국말로 표기한 '세린'을 필명으로 정한 것이다. '유복렬'이라는 이름을 발음하기 위해 입 모양을 비틀며 숨을 몰아쉬는 프랑스 사람들 틈에서 7년이라는 세월을 보낸 끝이어서인지 새 이름을 갖고 싶은 마음이 너무나 간절하여 작가 데뷔에 앞서 필명부터 정한 것이다.

한국으로 돌아와 바로 직업 전선에 뛰어들면서 '유세린'이라는 이름을 쓰게 될 가능성은 점점 희박해졌다. 내 인생 계획표에

▼ André Malraux. 《왕도》, 《인간의 조건》 등의 소설과 다수의 예술 비평서를 저술했다.
▼▼ Louis-Ferdinand Celine. 《밤의 끝으로의 여행》 등의 소설을 발표했다.

들어 있지 않던 결혼이라는 것을 했고, 첫아이를 가졌다. 아이 이름을 뭐라고 지을까를 놓고 열 달 내내 남편과 많은 이야기를 나누었다. 그리고 만삭이 되어 아이가 딸이라는 사실을 알게 된 어느 날, 나의 '유세린' 계획을 남편에게 털어놓았다.

나는 프랑스에서 유학하는 내내 이름 때문에 힘들었다. 아니 좀 더 정확히 말하면 내 이름을 불러야 하는 프랑스 사람들이 무척 힘들어했다. 할아버지께서 장손녀에게 지어주신 전형적인 한국식 이름, 아니 무척 고전적인 이름을 제대로 발음하는 것은 서양 사람들에게는 고통에 가까웠다. 그런 경험 때문인지 나는 내 아이에게 굳이 서양식 이름을 따로 지어주지 않더라도 한국어나 외국어로 공히 쉽게 발음되는 이름을 지어주어야 한다는 일종의 사명감을 느끼던 터였다. 나의 작가 데뷔는 어차피 물 건너간 것 같으니, '세린'이라는 이름을 우리 아이에게 주고 싶었다. 그렇게 나는 첫딸 '세린'을 낳았다. 남편은 아이의 한자 이름을 지었다. 세상 '세世' 자에 이웃 '린隣' 자로 '세상을 이웃하고 살아라'는 의미를 담았다면서, 아빠로서의 역할을 완수했다며 흐뭇해했다.

이제 프랑스에 가면 세린의 프랑스 이름은 그대로 '셀린'이 된다. 본래 '셀린'을 '세린'으로 쓴 것이니 특별히 고민할 필요가 없다. 세린의 '셀린' 인생이 그 막을 올리게 된 것이다. 세상을 이웃하고 살라는 이름대로, 앞으로 엄마 따라 여기저기 떠돌아다니며 어디서든 무조건 적응해 살아남아야 한다. 세린의 인생에 고생문이 훤히 열리는 듯했다.

기저귀 떼기 소동

{ Korea }

온 식구가 함께 프랑스로 가기로 결정한 후 우리는 가장 먼저 아이 기저귀를 떼는 데 전력투구했다. 프랑스에 가면 아이를 유치원에 보내야 하기 때문이었다. 프랑스에서는 만 3세부터 유치원 교육이 의무화되어 있지만, 아이가 기저귀를 떼었을 경우▼ 2세 반부터 유치원 입학이 가능하다. 이제 만 2세가 지난 세린도 기저귀만 뗀다면 유치원에 갈 수 있다!

그동안은 친정 부모님께서 세린을 돌봐주셨다. 출근하는 길에 아이를 친정 부모님 댁에 맡겼다가 저녁에 데려오고 했기 때문에 육아에 있어 큰 혜택을 누린 셈이다. 야근을 하거나 출장을 가더라도 아이를 그냥 부모님 댁에 놔두면 그만이었다. 물론 아침 저녁으로 아이를 카시트에 태우고 왔다 갔다 하는 것이 힘들다

▼ 프랑스에서는 '기저귀를 떼다'라는 의미로 아이가 '깨끗하다(propre)'라는 표현을 쓴다. 스스로 용변을 가릴 수 있다는 의미다.

면 힘들 수 있겠지만, 나보다 훨씬 더 정성껏 아이를 돌봐주는 부모님이 계시다는 것은 어마어마한 축복이었다.

게다가 친정 부모님뿐 아니라 동생들까지 육아에 가담해, 아이는 온 식구에게 둘러싸여 귀여움을 독차지하며 한 번 울어볼 틈도 없이 컸다. 특히, 특수교육학을 전공하고 학교 선생님인 아이 이모는 여러 가지 이론을 실전에 동원하며 조카 교육에 누구보다도 적극적이었다.

"언니, 아기들도 다 인지능력을 가지고 있거든. 그러니까 항상 아이를 대하는 태도에 일관성이 있어야 돼. 그리고 아이도 자신의 스케줄을 미리 알고 예측하도록 해줘야 하고. 들쑥날쑥하거나 불규칙한 상황에 놓이지 않도록 해주는 것이 중요해. 그러니까 출장을 가야 하면 아이한테 미리 설명을 하고 '며칠 동안은 엄마가 데리러 오지 못하니까 할머니랑 자거라' 하고 얘기해줘야 돼. 언니가 몰라서 그렇지, 저녁 때 언니가 야근하느라 늦으면 세린이가 현관문 앞에서 서성거린다니까…. 아이도 엄마가 자기를 데리러 올 시간이 되었다는 걸 알고 있는 거야. 아이한테는 '저녁이면 엄마가 데리러 오고, 함께 집으로 가고, 다음 날 아침에 할머니한테 가고' 하는 규칙적인 생활이 있다는 사실을 인지하게 해주는 것이 중요해. 예측 가능성을 흔들지 말아야 한다는 거지."

동생의 말은 역시 전문가답게 일리가 있어 보였다. 나는 내 나름대로 동생의 조언을 염두에 두고 아이에게 그런 환경을 제공해주기 위해 애썼다. 아이와 지내는 시간이 나보다 월등히 많은 친정 식구들의 아이에 대한 배려나 관심 그리고 성장 과정에 대한 관찰력은 나와 비교할 수 없을 정도로 높았으니 수긍하지 않을 수 없었다.

주말에 아이와 함께 지내다가 월요일 아침에 부모님 댁으로 데리고 가면 마치 몇 달은 아이를 못 본 것처럼 온 식구들이 손뼉을 치며 서로 아이를 받아 안으려고 야단법석이었다. 외할아버지는 종종 대문 앞 골목까지 나오셔서 우리를, 아니 손녀를 기다리시곤 했다.

"와~ 세린이 왔다. 세린아, 엄마랑 잘 있었어? 엄마가 맛있는 거 해줬어? 엄마가 구박 안 했어?" 하며, 내가 무슨 팥쥐 엄마라도 되는 양 다들 아이 환영에 여념이 없다. 그러고는 아이가 왜 이렇게 기운이 없어 보이냐는 둥 이틀 사이에 볼살이 쏙 빠졌다는 둥 이마에 미열이 있다는 둥 하면서 내가 주말 동안 아이를 제대로 돌보지 못했다며 은근히 아니 대놓고 타박을 하곤 했다. 대가족 육아의 행복한 분위기를 아이는 완전히 독점하며 컸다.

그런데 이 모든 것이 해외 근무가 결정되면서 하루아침에 바뀌어버렸다. 너무 극단적인 변화였다. 육아에 대한 책임을 전적으로 떠맡게 된 것이다. 물론 아이의 '공주' 인생도 막을 내렸다. 아이를 돌봐줄 유치원에 보내야 한다. 그러기 위해 기저귀 떼기에 필사적이 되었다.

하지만 아이는 아무리 변기 위에 앉혀놓아도 용변 보기를 강하게 거부했다. 변기 위에서는 끝까지 참았다가, 기저귀를 채우기가 무섭게 볼일을 보는 것이었다. 부임 일이 다가오도록 아이는 요지부동이었다. 매일 벌어지는 이 모습을 보다 못한 외할아버지가 역정을 내셨다.

"기저귀 못 떼서 학교 못 간 아이는 내 생전 본 적이 없다! 때가 되면 다 가리게 될 것을 왜 아이한테 쓸데없이 스트레스를 주고 야단들이냐!"

외할아버지의 그 한마디에 우리는 모두 공감을 표하면서 억지로 기저귀를 떼게 하려던 작업을 중단했다. 사실 사랑스런 아이한테 못된 짓을 하는 것 같아 마음이 아프던 차에 내심 잘됐다 싶었던 거다. 그렇게 세린은 기저귀를 찬 채 프랑스로 떠났다.

모든 식구들이 이 아이와의 첫사랑에 흠뻑 빠져 있던 터라 프랑스로 떠나는 공항에서의 이별 장면은 그야말로 눈물 없이는 볼 수 없는 광경이었다. 공항 검색대 안으로 들어가는 문 앞까지 외할아버지의 손을 잡고 있던 아이는 "할아버지 빨리 와~" 하고 손을 끌어당겼다. "할아버지는 나중에 갈게, 먼저 가~" 하시는 외할아버지의 말과 함께 잡았던 손을 놓친 아이는 어리둥절한 상태로 뒤뚱거리며 억지로 엄마 손에 끌려 비행기에 올랐다.

프랑스,

파란
만장

여
정
의

시—작

네 살배기 딸,
'차이'와의 첫 만남

2001년 2월 첫 해외 근무지인 프랑스로 부임하는 날, 아침부터 내리기 시작한 눈발이 점점 굵어지더니 함박눈이 되어 펑펑 쏟아졌다. '프랑스에 가면 눈 구경하기 힘들 거라고 한꺼번에 많이도 내려주네' 하는 생각이 들었다. 프랑스에서 유학했던 1985년부터 1992년까지 7년이 넘는 세월 동안 눈이 오는 광경을 본 건 딱 한 번뿐이었다. 파리의 겨울은 분명 춥긴 한데 좀처럼 영하로 내려가는 일이 없다. 우중충한 하늘에선 겨우내 차가운 빗줄기만 오락가락한다. 햇빛을 구경하기 힘들고 부슬부슬 비만 내리는 겨울 몇 달이 그렇게도 스산하고 골병들도록 시리게 느껴질 수 없었다.

얼떨결에 할아버지, 할머니와 헤어진 세린은 본래 말이 별로 없는 데다 뚱하게 무표정한 아이여서 속으로 무슨 생각을 하는지 알 수 없었다. 그저 '평소 안 하던 행동들을 하는 것이 상당히 수상하네…'라고 생각하는 듯했다.

그렇게 함박눈이 펑펑 내린 탓에 예정보다 8시간 늦게 서울을 출발한 비행기는 새벽 3시가 다 되어 파리에 도착했다. 우리는 대사관에 부임한 외교관들이 살 집을 구할 때까지 임시로 거처하는 콘도식 호텔에 여장을 풀었다.

다음 날 아침, 노크하는 소리가 들려 비몽사몽 중에 "위!" 하고 대답했더니, 청소를 해주는 분이 안으로 들어왔다. 얼굴이 완전히 새까만 흑인 아줌마였다. 흑인 중에서도 유난히 얼굴이 검어서, 마치 눈만 남기고 온통 까만 가면을 뒤집어쓴 것처럼 보였다. 흑인 아줌마가 방에 들어서는 순간, 갑자기 딸아이가 공포에 질린 모습으로 울음을 터뜨렸다. 그냥 우는 것이 아니라 절규에 가까웠다. 완전히 겁에 질려 처절하게 악을 쓰는 것이었다. 평소에 잘 울지 않던 아이라 너무나 당황스러웠다. 아이를 달래야 하는데 방법이 마땅치 않았다. 연탄 색깔처럼 새까만 얼굴을 한 아줌마가 무서워서 우는 아이한테 다 같은 사람이지 다를 게 없다는 둥, 사람 면전에서 그렇게 울어대는 건 예의가 아니라는 둥 어설픈 윤리 교육을 할 수도 없는 상황이었다. 어차피 두 돌이 겨우 지난 아이가 그런 말을 이해할 리도 없었다.

이러한 상황이 자기 때문이라는 것을 그 흑인 아줌마가 눈치챈 것이 분명하다는 생각에 나는 더욱 당황스러웠다. 하는 수 없이 청소는 나중에 해달라고 양해를 구한 후 돌려보냈다. 어찌나 미안하던지 호텔에 있는 내내 그때 난처했던 마음이 떨쳐지지 않았다.

하지만 세린을 탓할 수도 없었다. 아이는 갑자기 들이닥친, 난생 처음 보는 새까만 얼굴의 그 사람이 그냥 무서웠던 것이다. 사실 어른인 나도 그렇게 새까만 흑인과 정면으로 맞부딪힐 때면 깜짝 놀라거나 아니면 솔직히 조금은 마음이 움츠려드는데, 네 살짜리 아이 입장에서야 오죽하겠는가. 게다가 갑자기 엄마 아빠가 어디를 간다며 바리바리 짐 싸서 할머니 할아버지한테서 억지로 떼어내 낯선 곳에 데려온 것만도 불안했을 텐데, 느닷없이 새까만 사람이 청소 도구가 잔뜩 실린 짐차를 끌고 자기가 자고 있는 방으로 들이닥쳤으니 무섭지 않다면 오히려 그게 더 이상할 판국이었다.

프랑스에는 과거 프랑스 식민지였던 아프리카의 흑인들이 무척 많이 산다. 주로 세네갈, 카메룬, 가봉, 콩고 같은 적도 부근 서부아프리카 흑인들이다. 그렇다 보니 아이를 그리도 공포에 질리게 했던 이 '차이'는 시간이 지나면서 반복된 경험을 통해 자연스럽게 누그러져 갔다. '차이'에 무뎌지면서 얼굴색이 다른 것을 너무나 당연하게 여기게 되고 '적응'이라고 부르는 단계로 자연스럽게 접어들게 된 것이다.

프랑스 유치원에 들어가다

{ France }

프랑스에 오자 세린은 곧바로 유치원에 다니게 되었다. 정확히 두 돌 반이었다. 기저귀는 프랑스에 오자마자 떼는 데 성공했다. 어리둥절한 틈을 타서 볼기짝 몇 대 때렸더니 그대로 떼어버린 것이다. 서울에서라면 할머니, 할아버지 앞에서 애지중지하는 손녀딸 볼기짝을 때렸다가는 내가 볼기짝을 맞을 판이었겠지만 말이다. 아이는 파리에 온 첫날부터 무섭게 생긴 새까만 아줌마가 등장하는 등 돌아가는 판세가 자신에게 호락호락하지 않다는 것을 눈치챈 것 같았다. 역시 세상에 긴장보다 더 좋은 자극은 없는 법이다.

처음 유치원에 가던 날, 세린은 색색가지 그림이 그려진 스타킹을 신고 짙은 네이비블루 원피스를 입고 머리를 양 갈래로 삐삐처럼 묶고는 씩씩하게 집을 나섰다.

"선생님 말씀 잘 듣고 시키는 대로 잘해야 해!"

아이한테 이렇게 말은 했지만, 내가 하는 말이 내가 듣기에도 정말이지 우습기 짝이 없었다. '누가 선생님인지, 무슨 말을 하는지 알아들어야 시키는 대로 할 거 아니겠어…. 그래도 아이들은 금방 적응하니까. 다 눈치로 알아차린다잖아…' 나는 내심 초조한 심정을 진정시키며 스스로를 안심시키려 애썼다.

유치원 문 앞에 가까이 오자, 세린은 직감적으로 엄마와 떨어져야 한다는 사실을 알아차린 듯했다. 억지로 엄마 손을 놓은 아이는 교실 문을 향해 두어 발자국 걷다가는 뒤를 돌아다보고, 또 두어 발자국 걷다가는 뒤를 돌아다보고, 자꾸만 엄마를 돌아다보았다. 나는 어서 들어가라는 손짓을 해보였다.

"이따가 만나자. 재미있게 놀고 와~"

나는 불안감을 감추기 위해 손을 흔들며 명랑한 목소리로 외쳤다. 세린은 아무 대꾸도 없이 엄마를 몇 번이고 돌아다보더니 결국 교실 안으로 들어갔다. 잔뜩 긴장해 겁에 질린 듯 불안해 보이는 아이의 눈빛이 내 마음을 아프게 찔렀다. 나는 한동안 멍하니 서 있었다. '뭐지, 이 기분은?' 갑자기 눈시울이 뜨거워졌다. 바로 이 기분이 모든 엄마들이 겪는 '분리의 아픔'이라는 건가? 아니, '분리의 아픔'은 아이들이 겪는 심리 상태를 지칭하는 말 아니었나? 이상하다. 나는 그 순간 깨달았다. '분리의 아픔'은 아이뿐만 아니라 엄마도 함께 겪는다는 것을….

그렇게 세린은 엄마가 더 이상 알 수 없는 자신만의 세상 속으로 들어갔다. 자기 혼자 부딪혀야 하는, 그리고 아무도 대신해줄 수 없는 자신의 삶이 시작된 것이다. 말 한마디 못 알아듣는 프랑스에서.

주변의 모든 환경이 급작스럽게 변해버린 상황에서 아이가 받았을 심리적 충격이 무척 클 것이라 짐작만 할 뿐, 내가 해줄 수 있는 것은 아무 것도 없었다. 가급적 너무 늦게까지 야근을 하거나 저녁 약속을 잡거나 하지 않고 제때 퇴근해서 동생이 조언해준 대로 '예측 가능하고 규칙적인 생활'을 할 수 있도록 노력할 뿐이었다. 생판 모르는 곳에 왔지만 우리 가족의 울타리는 여전히 든든하다는 사실을 세린에게 알려주기 위해 애썼다.

엄마도 아이도

어쨌든 적응 중

나는 매일 아침 딸아이 손을 잡고 집 앞에 있는 유치원에 갔다. 아침 8시 20분, 출근하는 길인 엄마나 아빠 손을 잡고 유치원에 온 아이들은 유치원 문이 열릴 때까지 문 앞에서 기다린다. 선생님이 유치원 문을 열고 쾌활한 목소리로 "봉주르, 레 장팡!"을 외치면, 아이들은 "봉주르, 마담!" 하고 화답하며 각자 자기 교실로 들어간다. 유치원 문 앞에서 부모와 헤어지는 아이도 있고 교실까지 같이 들어가는 아이도 있다.

아침에 일찍 출근하는 부모를 위해 유치원은 7시부터 아이를 맡아준다. 아이들은 7시에 유치원으로 와서 아침 식사를 하고 정식 등원 시간이 될 때까지 선생님과 함께 책도 읽고 놀이도 하고 그림도 그린다. 그러다가 8시 20분이 되면 각자 자기 교실로 가서 그때 등원하는 다른 아이들과 합류한다.

8시 45분이 되면 유치원 문은 완전히 잠긴다. 이 문은 아이들을 다시 데려가는 시간인 오후 4시 반이 되기 전까지는 열리지 않는다. 정규 수업이 끝나는 오후 4시 반에 아이를 데려가는 부모는 유치원 앞에서 문이 열리기를 기다렸다가 각자 자기 아이를 데려간다. 부모 또는 부모 대리인으로 지정된 사람에게만 아이를 내어준다. 4시 반이 지나면 늦게까지 유치원에 남는 아이들이 따로 모여 간식을 먹고 저녁 7시까지 방과 후 프로그램을 한다. 아침 7시부터 저녁 7시까지 꼬박 하루 12시간을 유치원이 육아를 책임져주는 것이다.

프랑스에서 난생 처음 사회생활을 시작한 세린은 본래 별로 말이 없는 성격이어서 유치원에서 일어난 일에 대해서도 별다른 이야기가 없었다. “오늘 재미있었어?” “밥은 잘 먹었어? 뭐 먹었어?” “친구들이랑 잘 놀았어?” 이것저것 기본적인 질문을 던져보아도 그냥 시큰둥한 표정을 지으며 도통 대꾸가 없었다.

나는 나대로 초임 외교관으로 부임해서 정신없이 돌아가는 대사관 업무 때문에 저녁마다 거의 녹초가 되어 들어왔다. 집에 와서는 허겁지겁 저녁을 먹고 씻고 자는 하루하루가 반복됐다. 세린한테 각별하게 신경 쓸 겨를도 없었다. 난생 처음 보는 프랑스 사람들 틈에 혼자 남겨진 아이가 안쓰러웠지만 달리 어찌할 방도가 없었다. 그저 잘하고 있을 거라고 나 자신을 안심시키는 것이 전부였다. 어쨌든 아이도 유치원에 가지 않겠다고 떼쓰는 일 없이 그럭저럭 유치원에 다니고 있으니, 그저 ‘다닐 만한가 보다’라고 추측하는 수밖에 없었다.

아이가 맨 처음 배운

프랑스 말, 농!

한겨울에 도착한 파리에는 어느새 아름드리 마로니에 나무▼마다 연한 연둣빛 새싹들이 파릇파릇 돋아나고 있었다. 어느 주말 저녁, 나는 아이와 함께 목욕을 하며 간만의 휴식을 만끽하고 있었다. 아이의 머리를 감겨주려고 욕조 물에 아이 머리를 담그려는 순간, 갑자기 아이가 "농!" 하며 소리를 질렀다.

"농, 엄마, 내가 할 거야!"

나는 너무 놀라 아이의 얼굴을 쳐다보았다. 아이는 왜 그러냐는 식으로 평소 뚱한 표정 그대로 엄마를 한 번 바라다보더니 혼자 샴푸를 짜서 머리를 문지르기 시작했다.

▼ 파리에는 유난히 큰 마로니에 나무가 많다. 길거리 가로수도 대부분 마로니에 나무들이고 파리 시내 도처에 있는 공원을 온통 뒤덮을 정도로 그늘을 만들어주는 것도 마로니에 나무다. 고흐가 1887년 파리에서 그렸다는 〈꽃이 핀 마로니에 나무〉 그림에 묘사된 것처럼 봄이면 흰색의 꽃이 만발하고, 가을이면 둥글둥글 밤같이 생긴 갈색 열매를 맺는다. 마로니에 나무의 단풍은 특별히 예쁜 색은 아니지만 워낙 잎이 커서 가을바람에 누렇게 물든 커다란 잎들이 툭툭 떨어지는 광경이 무척 운치 있는 거리 풍경을 만들어낸다.

내 아이가 프랑스에 와서 두 달 만에 처음으로 한 프랑스 말, 그것은 바로 금지와 억제를 뜻하는 '농'이었다.

유치원에서 꿀 먹은 벙어리처럼 가만히 앉아 눈만 껌뻑거리고 있다가 뭔가 좀 해볼까 하고 움직이기 시작하면 "농!" 하고 외치는 선생님의 금지 명령에 소스라치게 놀라고, 다른 아이들이 이리저리 움직이는 것을 보고 '아, 쉬는 시간인가 보다' 하고 장난감이라도 좀 가지고 놀아볼라치면 여지없이 "농!" 하는 소리를 들으며, 머릿속에 완벽하게 입력된 최초의 프랑스어였던 것이다.

프랑스 유치원에서는 글 쓰는 법을 가르치지 않는다. 그 나이 또래 아이들에게 반드시 필요한 감성과 정서를 키워주는 데 주력한다. 아이들이 보는 책은 대부분 그림책이고 수업 시간에는 아이들에게 상상하고 꿈을 키우며 창의적으로 노는 법을 가르친다. 그리고 어려서부터 단체 생활을 시작하는 만큼 에누리 없이 엄한 교육을 받는데 바로 절제하는 방법이다.

프랑스 사람들은 자기주장이 강하고, 또 그 주장을 뒷받침하기 위한 논리에도 무척 강하다. 항상 삼단논법을 동원해 자신의 입장을 분명하게 전달해야 직성이 풀리는 듯하다. 그런 개개인의 자유로운 의사 표현과 다양성이 가능한 문화이기에 자연스럽게 예술과 철학이 발달했을 것이다. 길거리에서 만나는 파리지앵들의 옷차림만 보아도 여자든 남자든 얼마나 개성을 추구하고 자기만의 고유한 멋을 부리는지 충분히 짐작할 수 있다. 그 누구 하나 유행을 흉내 낸 듯한 비슷한 옷차림이 없다. 그렇다고 아무렇게나 옷을 입은 사람도 없다. 각자 자기만의 창의성을 동원해

독창적인 멋을 부린다.

이렇게 각양각색의 사람들이 남의 눈치 보지 않고 각자 최선을 다해 자신의 생활과 자유를 만끽하며 자유롭게 의사를 표현하기 위해 그만큼 다른 사람의 생활과 자유도 최대한 존중한다. 정말이지 한 사람 한 사람이 지켜야 하는 규율이나 매너는 지독할 정도로 철저하다. 철저한 자유 뒤에 철저한 책임 의식, 이 또한 프랑스만의 독특한 모습이다.

이러한 방식은 어린 시절부터 적용되어 공동체의 일원으로서 절제하고 타협하는 습관을 익히는 것이다. 철저하게 정해진 시간에 맞추어 하루 일과를 진행한다. 여기에 길들여진 아이들은 절대 아무 데서나 아무 시간에나 식사를 하지 않는다. 간식도 아무 때나 먹지 않는다. '구떼'▼라고 부르는 정해진 간식 시간이 아니면 먹을 수 없다. 그렇게 아이들은 기다리는 방법을 배운다. 일관성 있게 그리고 일정하게 정해진 기다림은 곧 규칙적인 생활을 의미한다.

개인의 자유를 보장받기 위해 철저하게 타인의 자유를 존중하다 보니 오히려 규율과 규제가 많은 나라 프랑스. 어쩌면 세린이 '농!'이라는 말을 프랑스에서 제일 처음 배운 것은 당연한 건지도 모르겠다.

▼ goûter. 맛보다는 의미로 간식 시간을 일컫는 말이다.

국가가 키우는 프랑스 아이들

프랑스 국민들은 육아가 전적으로 사회의 책임이라고 생각한다. 그렇기 때문에 유치원부터 대학원까지 전액 무상교육을 실시한다. 프랑스는 아이가 태어나서 대학원을 마칠 때까지 학비라고는 한 푼도 들지 않는다. 어마어마한 대학교 등록금은 차치하고라도 유치원 등록금마저도 부모의 허리를 휘게 만드는 우리로서는 참으로 믿기 어려운 제도다. 프랑스는 국가가 모든 교육 시스템을 주도하는 철저한 공교육 체제를 유지한다. 만 3세부터의 의무교육, 무상교육, 무종교교육▼을 원칙으로 하고, 모든 학위는 국가가 관리한다.

이런 육아와 교육제도는 경제적·사회적 현실과 맞물려 돌아

▼ 무종교교육 원칙은 프랑스대혁명 정신이 기초한 평등한 시민 정신에서 나온 것으로, 종교에 관한 국가의 중립 원칙을 의미한다. '속세주의'라고도 표현되는 이 원칙에 따라 학교 내에서 일체의 종교 행사와 의식이 금지되어 있다. 학교 내 히잡 금지로 인해 아랍계 시민들과 많은 갈등이 일기도 했다.

간다. 프랑스는 전체 노동 가능 연령대 여성의 85% 이상이 사회활동을 한다. 그렇기 때문에 모든 제도가 그런 사회 흐름에 맞도록 착안된 것이다. 물론 제도가 뒷받침되기 때문에 그런 사회생활이 가능한 것이기도 하다. 닭이 먼저인지 달걀이 먼저인지는 따져보아도 확실한 답을 찾기는 어렵다. 하지만 중요한 것은 여성들이 남녀평등에 대한 강한 의지와 주장을 국가와 사회가 받아들이도록 노력하여 관철시켰다는 점이다. 그렇기 때문에 이 모든 육아 제도는 힘겨운 전투에서 승리한 승자만이 누릴 수 있는 보상인 것이다.

출산휴가는 첫아이의 경우 출산 전 6주, 출산 후 10주다. 둘째 아이부터는 출산 전 8주, 출산 후 18주다. 이 경우 출산휴가만 거의 7개월 가까이 되는 셈이다. 출산 장려금도 출산 시에만 일시적으로 지급되는 것이 아니라, 매달 양육비를 국가가 부모한테 직접 지원한다. 자녀 수에 따라 양육비도 비례해서 늘어나기 때문에 프랑스에서는 애 셋만 낳으면 부모가 일을 안 해도 먹고살 걱정은 안 한다는 말이 나올 정도다. 그뿐만이 아니다. 매년 새 학기가 시작되는 9월이 되면 아이들의 학용품 구입비 형식으로 '개학 준비금'을 국가가 부모에게 지급한다. 물론 자녀 수대로 곱하기 된다. 이런 놀라운 일련의 제도 덕분에 프랑스의 출산율은 세계 최고 수준이다.

유치원은 일단 만 2세가 넘고 기저귀를 뗀 아이만 보낼 수 있기 때문에 그에 앞서 탁아소에 보낸다. '크레쉬'▼라고 부르는 탁아소는 생후 2개월 된 아기부터 유치원에 가기 직전의 아이를 맡는다. 대부분의 산모는 임신이 확인되면 바로 자신의 주소 소재지 구청에 크레쉬 사전 등록 절차를 마친다.

유치원 교육비는 완전 무료다. 아이들이 매일같이 사용하는 그림 도구나 재료의 비용도 상당할 테지만 일체 부모한테 부담을 지우지 않는다. 모든 것을 국가에서 제공하기 때문이다. 대신 유치원 점심 급식비와 아침과 저녁에 아이를 맡기는 경우 아침 식사비와 오후 간식비는 별도로 내야 한다. 이 모든 비용은 유치원에 내는 것이 아니라, 사는 동네의 구청에 자동 이체로 납부한다. 유치원 배정을 아이의 주소지별로 구청에서 하기 때문이다.

구청에 내는 급식과 간식 비용은 부모의 소득에 따라 차등화되어 있다. 부모의 전년도 세금 명세서를 구청에 내면 소득 수준에 맞춰 가난한 부모는 아예 무상으로 급식을 제공받고, 부자 부모는 구청에서 구분한 소득별 카테고리에 따라 돈을 낸다. 철저한 사회주의적 개념이다. 유치원은 부모와 금전적인 거래를 할 일이 전혀 없기 때문에 아이가 어떤 카테고리에 해당하는지 알지 못한다.

유치원부터 초등학교, 중학교, 고등학교까지 모두 같은 시스템이다. 대학교에 가면 입학 수수료와 도서관 이용료로 내는 연 15~20만 원 정도가 등록금의 전부다.

방학 동안에도 각 주소지별로 구분해 지정된 유치원이나 초등

▾ crèche. 아기 예수가 마굿간에서 태어나 누워 있던 요람을 지칭하는 말이다.

학교에 평소와 똑같이 아이들을 보낼 수 있다. 방학 동안 아이를 맡기는 곳을 '여가 센터'라 부른다. 방학 시작 전에 아이들을 보낼 날짜만 미리 제출하면 된다. 보통 학교들은 7월부터 8월까지 두 달 동안 긴 여름방학이 이어지고, 대부분의 부모들은 7월 또는 8월 중에 한 달 정도 여름휴가를 갖기 때문에 많은 프랑스 아이들이 부모와 함께 바캉스를 떠나지 않는 7월이나 8월 중 한 달은 여가 센터에서 보낸다. 여가 센터에서는 스포츠, 미술, 음악, 무용 등 다양한 프로그램을 제공하는데 그날그날 아이가 원하는 프로그램을 골라 참여할 수 있다.

아이 맡길 곳이 없어 엄마가 일하는 데 지장을 받는다는 것은 상상하기 어렵다. 물론 이따금씩 여가 센터에서 고용하는 임시 교사들의 자질 미달로 아이들을 제대로 돌보지 못한다거나 성추행 같은 사건이 일어나 사회적으로 큰 물의를 일으키는 경우도 발생한다. 하지만 이 모든 육아 제도는 오랜 기간 시행착오를 거듭하면서 국가와 부모가 함께 고민하고 개선해나가며 정착된 것이다.

물론 유치원부터 대학원까지 100% 무상교육이라는 경이로운 시스템을 운영하기 위해 부모는 엄청나게 많은 세금을 감당해야 한다. 그 정도의 재정적 기여 없이 제도만 부러워할 수는 없는 일이다. 또 그만큼 기여를 하기 때문에 정부에 대고 마음껏 큰소리를 칠 수 있다. 사회의식이 유난히 높은 프랑스 국민들은 극성맞다 싶을 정도로 자신의 권리를 주장하고 그것이 여의치 않을 경우 서슴없이 거리로 나선다.

어쨌든 덕분에 나 역시 서울에서처럼 부모님의 손을 빌리지 않고도 세린을 그럭저럭 키우며 초임 외교관으로서의 바쁜 나날을 보낼 수 있었다.

한국식, 프랑스식?

문화의 충돌

세린이 유치원에 다닌 지 얼마 되지 않은 어느 날, 평소와 다름없이 저녁 식사를 하는데 아이의 밥 먹는 행태가 어쩐지 이상했다. 아이가 오로지 밥만 계속해서 퍼먹고 있는 것이 아닌가. 밥 말고 다른 것에는 손도 대지 않는다.

"세린아, 밥만 먹지 말고 국도 먹고 반찬도 함께 먹어야지."

하지만 아이는 내 말엔 아랑곳도 하지 않고 여전히 밥만 계속 먹었다.

"세린아, 엄마가 뭐라고 했지? 그렇게 밥만 먹으면 맛없잖아. 여기 국도 좀 먹고. 자, 여기 반찬도 먹어봐. 세린이 좋아하는 계란말이도 있는데, 응?"

"엄마, 이것저것 한꺼번에 먹으면 꼬숑▼이야!" 아이가 태연스

▼ cochon. 돼지라는 뜻이다.

럽게 대답했다.

“뭐? 그게 무슨 소리야?” 나는 놀라서 물었다.

“오늘 선생님이 그랬어, 나한테. 꼬숑처럼 먹는다고. 그러지 말랬어. 음식을 순서대로 먹어야 한댔어, 엄마!”

모처럼 아이는 상세한 설명을 곁들였다.

“어, 근데….”

나는 아이의 말에 대꾸를 하려다 그만뒀다. 할 말이 없었다. 밥, 국, 반찬. 이것들을 한 상에 차려놓고 함께 먹는 우리의 식습관이 프랑스에서는 아무렇게나 ‘돼지처럼 먹는’ 식습관으로 취급받은 것이다. 아이는 선생님이 가르쳐준 대로 자기 나름대로의 순서를 정해 차례대로 먹고 있었다. 밥을 다 먹은 다음 국을 먹고, 그러고 나서 반찬 중에 한 가지를 먹고, 먹을 배가 남아 있으면 반찬 중에 한 가지를 더 먹고 하는 식이었다. 아이가 왜 밥부터 먹기 시작했는지는 잘 모르겠지만, 아마도 우리가 수저를 들고 맨 먼저 밥부터 먹기 때문이 아닐까 싶었다.

전식, 본식, 후식, 이렇게 세 단계로 구분된 식사법은 그야말로 프랑스 사람들에게는 몸에 밴 습관이다. 다들 그렇게 식사한다. 그러니 아이들이 이런저런 예법이나 사회생활의 규범을 자연스럽게 익히도록 도와주는 유치원에서야 프랑스식 식사법을 가르쳐주는 것이 당연할 터였다.

세린은 집에서 먹던 습관대로, 그리고 ‘골고루’ 먹으라는 부모님 말씀대로 식판에 있는 것들을 반찬 먹듯 이것저것 먹었을 텐데, 이 모습을 본 선생님이 그렇게 두서없이 마음대로 먹는 것은 돼지들이나 하는 거라며 나무란 모양이다. 아이로서는 억울하면서도 혼란스럽고 충격적이었을 것이다.

순서를 정해놓고 차례로 먹는 자기들의 식습관만을 인간의 문화로 여긴 프랑스 유치원 선생님 탓에 졸지에 짐승이 되어버린 것이 어처구니없었다. '꼬숑'이라는 말을 들은 딸아이가 받았을 상처를 생각하면 당장이라도 유치원에 가서 아이를 데리고 나오고 싶었다. 유치원 원장을 찾아가 문화 차이와 타문화에 대한 존중에 관해 한바탕 연설이라도 해주고 싶은 마음이 굴뚝같았다.

하지만 그렇다고 유치원을 그만둘 처지가 아니다 보니 다른 대안이 없었다. 프랑스에 와서 프랑스 유치원에 다니며 프랑스 아이들 틈에 끼어 프랑스 선생님한테서 프랑스 교육을 받고 프랑스 교육제도의 혜택을 받고 있는 상황에서 과연 내가 무엇을 할 수 있을까. 아이한테는 그저 한국식 음식 문화는 밥상 위에 차려진 모든 음식을 골고루 먹는 것이고, 프랑스식은 음식을 순서에 따라 차례대로 먹는 것이라고 설명해주었지만, 아직 세 돌도 지나지 않은 어린아이한테 동서양의 식습관 차이를 이해시킨다는 것 자체가 무리인 것 같았다.

세린은 프랑스에 사는 내내 그렇게 밥을 먹었다. 다시는 친구들이 다 있는 자리에서 선생님한테 '돼지처럼 먹는다'는 수모를 당하지 않기 위해서 말이다. 아이의 순서대로 밥 먹기는 그로부터 수 년 동안 계속되었다. 아이가 한국과 프랑스의 섭식 문화를 이해하고, 한국에서 산나물정식 같은 한상차림을 좋아하게 될 때까지….

떠돌이

가족,

셋에서

넷이

되—다

씩씩한

파리의 워킹맘

우리는 파리 시내가 아닌 '뻬또'라는 외곽 도시에서 살았다. '라 데팡스'▼ 근처 센 강가에 현대식 고층 아파트들이 죽 늘어서 있는 곳이다. 타원형으로 특이하게 지어진 30층짜리 건물의 18층이 우리 집이었다.

프랑스에서는 보기 드문 초고속 엘리베이터가 설치된 고층 아파트라 편리한 점도 많았지만, 어느 날 아침 문제가 발생했다. 정전으로 엘리베이터가 서버린 것이다. 아침마다 입을 옷을 골라 대며 늦장을 부리는 세린 때문에 그날도 겨우 유치원 등원 시간을 맞출까 말까 하는 시간이었는데, 엘리베이터마저 서버렸으니 난감할 노릇이었다. 정해진 등원 시간이 지나면 유치원 문이 닫

▼ 라 데팡스는 파리 북서쪽에 위치한 신시가지다. 파리 시내는 건축 규제가 워낙 심하기 때문에 이곳에 젊고 도전적인 건축가들에게 마음껏 기량을 펼쳐볼 기회를 마련해, 갖가지 실험적인 건축물들과 고층 빌딩들이 들어차 있어 뉴욕의 맨해튼 같은 느낌을 준다.

혀버리기 때문에 시간을 철저하게 지켜야 하는데 말이다.

나는 네 살 된 딸아이를 들쳐 업었다. “세린아, 엄마 꽉 잡아!” 아이한테 이 한마디를 외치고는 무시무시한 속도로 계단을 내려갔다. 다행히 계단에는 사람이 없었다. 아이는 이 상황이 즐거운지 신난다고 비명을 질렀다.

“엄마 빠르지? 끝내준다, 그치? 엄마 목 꽉 잡아야 돼!”

나는 다시 한 번 주지시키고는 그대로 쏜살같은 하강을 계속했다. 1층에 도착해 업었던 아이를 내려 손을 잡고는 전속력으로 아파트 단지를 가로질러 유치원을 향해 질주했다. 유치원 문이 막 닫히기 직전에 우리는 무사히 유치원에 도착했다.

“엄마, 안녕!”

아이의 외침 소리를 뒤로 하고 안도의 숨을 내쉬며 유치원을 나왔다. 그런데 교실로 들어가려던 아이가 갑자기 뒤돌아서더니 엄마를 크게 부르기 시작했다.

“마망, 마망!”

나는 놀라서 아이한테 다가갔다. “왜? 왜 그래?”

“엄마, 루주 안 발랐어!” 아이는 정확한 프랑스 말로 말했다.

나는 그제야 정신없이 출근 준비를 하는 통에 립스틱 바르는 것을 깜빡했다는 사실을 깨달았다.

“오케이, 메르시! 금방 바를게!” 나는 애써 태연한 척하며 대답했다. ‘뭐야, 화장은 분명 다 했는데 립스틱을 까먹었구먼….’

나는 유치원 앞 한쪽 귀퉁이에 서서 손거울을 꺼냈다. 파운데이션까지 묻은 입술이 유난히 허옇게 보였다. ‘그래도 18층에서 초고속 하강을 한 솜씨는 진짜 대단했어' 나 스스로도 놀란 엄청난 계단 하강 속도에 으쓱해하며 부랴부랴 립스틱을 꺼내 발랐다. 그리고 아무 일도 없었던 듯 태연하게 지하철을 타고 한쪽 귀퉁이에 기대어 서서 휴식 아닌 휴식 시간을 맞았다.

지하철 안에는 나처럼 화장 코스 하나를 빼먹었는지 열심히 마스카라로 속눈썹을 끌어 올려대는 여자도 보이고, 여유롭게 다리를 꼬고 앉아 책을 읽는 사람도 보인다. 나도 그 대열에 합류해 핸드백에서 포켓북을 꺼내 읽기 시작했다. 언제 아이를 들쳐 업고 18층에서 단숨에 뛰어내려왔나 할 정도로 평온한 사람으로 탈바꿈해서 말이다. 프랑스 워킹맘의 좌충우돌 하루는 그렇게 시작한다.

태교는 사치, 프랑스에서 둘째 낳기

그렇게 시간이 지나갔다. 프랑스 아이들 틈바구니에서 살아남기 위해 늘 긴장한 채 하루하루를 보내던 세린도 서서히 프랑스 생활에 익숙해지고, 외교관으로서의 나의 일상도 점차 안정되어가고 있었다.

프랑스에 온 지도 어언 2년여가 지난 2002년 겨울, 나는 본부로부터 '일시 귀국'▼ 명령을 받았다. 프랑스 외교부 장관이 방한하여 김대중 대통령과 노무현 대통령 당선인을 예방하고 한-불 외교장관회담을 가질 예정이므로 급히 본부로 들어와 이 모든 일정의 통역 업무를 맡으라는 지시였다. 나는 부랴부랴 짐을 꾸려 서울로 갔다. 마침 친정 엄마가 파리에 와계신 터라 세린을 할머니한테 맡기고는 오랜만에 한국 땅을 다시 밟았다.

▼ 해외 근무 중인 외교관이 공무 수행 또는 신변 정리를 위해 잠시 서울 외교부 본부로 들어오는 것을 일시 귀국이라고 한다.

서울에서의 고된 일정을 모두 끝내고 다시 파리로 돌아가는 비행기 안에서 이상할 정도로 계속 메스꺼웠다. 그때만 해도 단순히 멀미려니 생각했다. 둘째가 생겼으리라고는 생각도 못했던 것이다. 정확히 만 40세에 갖게 된 아이였다.

소위 '노산'을 앞둔 임산부에 대한 프랑스의 모자보건 관리 시스템은 그야말로 철저함 그 자체였다. 정기적인 산부인과 진찰이나 초음파검사 같은 것은 물론이고, 한 달에 한 번씩 혈액검사와 소변검사 등 온갖 검사를 받아야 했다. 그리고 그때마다 간호사들은 노산모를 위한답시고 '울랄라'를 연발하며 온갖 호들갑을 떨어댔다. 임신 3개월에 받은 양수검사 결과지에는 배 속의 아이가 딸이라는 사실이 명시되어 있었다. 유학 생활을 하며 20대의 빛나는 청춘을 다 보낸 프랑스에서 이제는 임산부가 되어 파리 거리를 활보하다니, 꿈에도 생각해보지 못했던 일이다.

우리 대사관 근처에 임부 전문 옷가게가 하나 있는데, 가게 이름이 <1+1=3>이었다. 임부복 매장 이름으로 이보다 더 기발하고 적합한 것도 없겠다 싶었다. 가게에는 임부복이라고 보기에는 너무나 멋스러운 옷들과 액세서리들이 가득했다. 하기야, 만삭이 다 되어 부풀어 오를 대로 부푼 배를 하고도 코트 위에 벨트를 동여매서 끝까지 멋을 포기하지 않는 파리지엔느들을 위한 매장이니 그 정도 디자인은 당연한 것이었다.

하지만 임부복이 아무리 멋스럽다 하더라도 구입한 옷 몇 벌로 임신 기간을 버티는 일은 파리라는 아름다운 도시에서는 거의 고문에 가까웠다. 게다가 무더운 8월 한여름이 출산 예정일이었다. 모두들 가느다란 끈만 어깨에 살짝 걸친 슬리브리스 티셔츠 차림으로 거리를 활보하는 계절에, 배를 감싸는 두툼한 속옷까지 껴입고 에어컨이 없는 파리의 지하철로 출퇴근하는 것은 나를 무척 지치게 만들었다.

서울에서 첫째를 가졌을 때는 저녁마다 집 뒷산을 산책하거나 음악을 듣는 등 배 속의 아이를 생각하며 임산부로서의 자세를 갖추었지만, 둘째 때는 상황이 전혀 달랐다. 무엇보다 하루하루 보내는 것 자체가 너무나 힘겨웠다. 초임 외교관이 해내야 하는 어마어마한 일과를 감당해내며 저녁마다 녹초가 되어 나가떨어지는 일상이 반복되었다. 내가 배 속의 아이를 위해 할 수 있는 유일한 노력은 죽고 못 사는 커피를 끊는 일이 전부였다. 나로서는 엄청난 희생이자 인고의 시간이었다. 수많은 날들을 커피 없이 보내는 엄마의 노력이 아이에게 전달되어 태교를 대신해주리라 스스로를 위안하며 오로지 무거운 임산부 신세에서 해방되기만을 기다렸다. 태교라는 단어가 내게는 사치로 느껴지던 때였다.

2003년 8월, 40대의 엄마한테서 둘째 세아가 태어났다. 세린과는 다섯 살 터울이다. 두 아이 모두 제왕절개 수술로 낳았지만, 큰애는 서울에서 전신마취를 한 상태에서 수술을 한 반면, 둘째 때는 하반신 마취만 했다. 정신이 온전한 상태에서 서걱서걱 칼날이 배를 가르는 소리를 들어가며 버티는 것은 참기 힘든 고통이었다. 중간중간 척추에 진통제를 투약해주기는 했지만, 아이를 꺼낼 때까지 그 모든 소리와 공포를 온몸으로 고스란히 견뎌야

했다. 아이가 세상에 나오자마자 얼굴을 바로 볼 수 있다는 사실 그 하나만을 생각하며 견뎌내기에는 정말 끔찍한 시간이었다.

출산 후 나는 오랫동안 후유증에 시달렸다. 노산 탓인지 둘째를 낳고 한 달이 지났는데도 침대에서 일어나 아이를 안기조차 어려웠다. 내 몸 하나 가누기가 힘들다 보니 갓난아이는 친정 엄마한테 맡겨놓을 수밖에 없었다. 출산휴가 석 달을 다 채우지 못하고 업무에 복귀했을 때는 우리 외교부 장관의 프랑스 방문으로 모두들 정신없이 바쁘게 움직이고 있었다. 며칠 동안 장관의 일정을 수행하면서 너무 장시간 서 있었던 탓인지 마지막 날 일정이 모두 끝나갈 무렵 나는 허리에 극심한 통증을 느끼며 그대로 주저앉았다. 아예 일어설 수가 없었다.

그렇게 시작된 허리 통증은 주기적으로 나를 괴롭혔다. 피로가 쌓이거나 무리를 하면 1년에 한두 번씩 몸을 일으킬 수 없을 정도의 극심한 통증이 나를 찾아왔다. 그때마다 꼼짝 못하고 며칠씩 누워 있어야만 겨우 회복되곤 했다. 운동으로 허리 주변의 근육을 강화시키는 방법 외에는 별다른 치료법이 없다는 게 의사들의 진단이었다. 결국 내 스스로 이겨내는 수밖에 없었다.

세아가 태어난 지 6개월이 되던 2004년 2월, 나는 귀임 명령을 받았다. 2001년 2월 프랑스에 도착했으니 정확히 3년간 프랑스에 있었다. 그동안 첫째는 자신의 첫 사회생활을 프랑스 유치원에서 시작했고, 우리 가족은 둘째를 얻어 네 식구가 되었다. 이제 떠돌이 여정은 셋에서 넷이 함께하게 되었다.

한국이나 프랑스나

낯설기는 매한가지

2004년 2월 한국으로 돌아온 우리 가족은 또다시 새로운 환경에 가능한 한 빨리 적응해야 했다. 일곱 살 세린은 곧바로 한국 유치원에 들어갔고, 세아는 6개월이 더 지나 돌이 막 되던 때에 정부중앙청사 어린이집에 들어갔다. 나야 한국이 익숙하지만, 세린이나 세아에겐 한국 역시 프랑스처럼 낯설었다. 두 아이 모두 이제는 한국의 단체 생활에 적응해야 한다.

프랑스에서 적응하기 위해 필사적으로 긴장했던 세린은 똑같은 경험을 서울에서 다시 시작했다. 한국 아이들 틈에서 난생 처음 한국말로 생활하는 것은 언어와 생김새의 차이만 있을 뿐 정신적·정서적 적응 과정 자체는 프랑스에서의 그것과 전혀 다르지 않았다.

아이가 한국의 단체 생활에 적응해감과 동시에 프랑스 말은 지우개로 지우듯 완전히 사라져갔다. 내가 이따금 아이한테 프랑스 말로 몇 마디를 건네면 그때마다 아이는 비장한 표정으로 내게 이렇게 말했다.

"엄마, 여기는 한국이에요. 한국에서는 한국말을 써야 해요. 엄마도 저한테 프랑스 말 하지 마세요!"

나는 아무 말도 할 수가 없었다. 아이가 프랑스에서 겪었던 힘겨운 과정을 너무나 잘 알고 있기 때문이다. 아이의 단호한 태도는 한국에서 살아남기 위한 자신과의 싸움이었다. 아이는 낯선 환경에서의 반복되는 투쟁을 이런 방식으로 이겨내고 있었던 것이다.

세린은 종종 프랑스 그림책을 유치원에 가지고 갔다. 처음엔 아이들이 유치원에 곰 인형이나 작은 담요 같은 자기 물건을 하나씩 가지고 가서 낮잠 시간에 안고 자듯이, 그림책도 세린의 외로움을 달래기 위한 것으로 생각했다. 하지만 그건 그런 용도라기보다는 일종의 반항이라는 사실을 나중에야 깨달았다. 한국 유치원에서 다른 아이들이 자기를 색다른 눈으로 쳐다보거나 어눌한 한국말 발음을 놀릴 때면 프랑스 그림책이 심리적 외로움에 대한 자기방어가 되어주었던 것이다. '너희가 나를 왕따 시켰지? 이번엔 내가 너희를 왕따 시키는 거야. 나는 프랑스어 책을 읽는다, 너희는 이거 못 읽지?' 아이의 내면에는 이런 심리 상태가 작용하고 있는 듯했다.

게다가 세린은 늘 완벽하게 옷을 갖춰 입고 싶어했다. 모두 프랑스에서 입던 원피스 종류였다. 아이가 그런 옷차림으로 유치원에 와서 항상 단정한 자세로, 혼자만 깔끔 떨며 지낸다는 사실은 유치원 선생님한테 전해 들었다. 물론 프랑스에서 워낙 철저하게 예의범절 교육을 받은 탓도 있겠지만, 본인 스스로 '차이'를 만들어내고 있다는 생각이 들었다. 다른 아이들이 자기를 다르게 취급하며 왕따 시키자, 오히려 '차이'를 만들어 그 상황을 견뎌나가는 것 같았다.

세린은 말수가 적었다. 원래도 그런 편이었지만 프랑스에서 '우다다다' 잔소리를 퍼붓는 선생님들한테 늘 당해서인지 항상 바짝 긴장한 모습으로 주변을 탐색하고 분석을 한 뒤에 확신이 서야 비로소 말을 꺼낸다. 한국에 와서도 마찬가지일 수밖에 없다. 그렇지 않아도 한국말 발음이 이상하다고 놀림을 받는 마당에 말이 안 되는 말을 꺼냈다가는 분명 수모를 당할 테니 그저 신중하고 과묵한 것이 최상이라고 생각한 듯하다. 그렇게 아이에게는 한국도 프랑스와 매한가지로 낯선 곳이었다. 어디를 가든 긴장의 연속일 뿐이다.

한국에서 2년을 보내고 두 아이가 어느 정도 적응해갈 무렵인 2006년 1월, 나는 북아프리카 튀니지로 부임 발령을 받았다. 세린은 아홉 살, 세아는 네 살이었다.

아프리카
낯선 땅,

둘째의
튀니지 분투기

프랑스와 한국을 거쳐 이번엔 아프리카다. 서울 생활에 어느 정도 익숙해져갈 무렵이었지만 어쩌겠는가. 아프리카 북쪽 끄트머리에 지중해를 끼고 있는 나라, 미지의 땅 튀니지를 앞에 두고 기대 반 두려움 반으로 짐을 쌌다. 그동안 본부에서 맡았던 업무를 마무리하고 인수 인계서를 작성하면서 이삿짐을 정리하고 아이들 입학 서류, 예방접종 서류 같은 것들을 챙겼다.

2006년 2월 튀니지로 부임하던 날, 우리는 밤 12시에 튀니지 공항에 도착했다. 공항 밖으로 나오자 2월인데도 불구하고 제법 따뜻한 기운이 느껴졌다.

"어머, 저렇게 큰 파인애플도 있네!"

세린이 공항 앞 대로에 죽 늘어선 야자수들을 보며 혼잣말을 했다. 유난히 둥글둥글하고 실하게 생긴 야자수 나무는 정말로 거대한 파인애플이 거꾸로 땅에 박혀 있는 것처럼 보였다. 야자

수 나무가 가로수인 곳. '역시 열대지방 가까이 왔구나' 하는 사실이 실감나기 시작했다.

아이들 눈에도 지금까지 살면서 봤던 것과는 완연히 다른 풍경이 무척 신기한 듯했다. 둘째 세아는 동글동글한 눈을 이리저리 굴리며 엄마 손을 꼭 잡았다. 긴장한 기색이 역력했다. 자기도 이 낯선 곳에서 살아갈 일이 걱정되었는지, 일단 기저귀부터 떼고 '인간다운' 모습을 갖추기 시작했다. 제 언니가 그랬던 것처럼 기저귀를 한 채 한국을 떠나서는 외국에 도착하자마자 기저귀를 뗐다. 두 돌 반이 채 안 되어, 그러니까 튀니지에 온 지 정확히 3일 만에 뗀 것이다. 그야말로 확 달라진 주변 환경을 보면서 뭔가 심상치 않다고 느낀 모양이다.

세아는 곧바로 튀니지 어린이집에 입학했다. 첫째와 비슷한 나이에 외국에서의 첫 사회생활을 시작한 것이다. 다른 점이 있다면 프랑스가 아닌 북아프리카 튀니지라는 점, 그리고 이미 서울의 어린이집에서 단체 생활을 해봤다는 점이다.

세아가 다니는 어린이집은 현지인들이 다니는 어린이집인데 프랑스어로 교육하는 곳이었다. 튀니지는 이슬람국가로 아랍어를 쓰지만 오랜 세월 프랑스의 보호령으로 식민 지배를 받았던 터라 프랑스어도 상용되고 있었다. 튀니지의 상류층 아이들이 다니는 곳이지만 시설은 우리나라 1980년대 시골 국민학교 수준이었다. 일반 가정집을 개조한 건물이어서 여느 튀니지 집들과 마찬가지로 파란 창문을 단 하얀 집▼이었고, 마당에는 '큰 파인애플'이 있었다.

세아는 아침마다 어린이집에 갈 시간이 되면 집에서 출발할 때부터 칭얼댔다. 칭얼대는 강도는 점점 강해지다가 어린이집에 도착하면 악을 쓰며 처절하게 울었다. 현관문 앞에 버티고 선 채 있는 힘껏 현관문을 밀어댔다. 그렇게 밀면 문이 안 열릴 거라고 굳게 믿고 있는 듯했다. 그러고는 며칠 새 배운 유일한 프랑스어를 목 놓아 외쳐댔다.

"농, 농, 농!"

같은 어린이집 튀니지 친구들은 신기하게 생긴 이 동양 꼬마를 졸졸 따라다니면서 머리카락을 잡아당기거나 손가락으로 볼을 찌르거나 하는 방법으로 관심을 표명했다. 세아는 자기를 괴롭히는 튀니지 친구들에게 매우 신경질적으로 반응했다. 일종의 자기 보호인 것 같았다.

세아는 '차이'를 온몸으로 느끼고 있었다. 외국에 나가 살면서 만나는 가장 큰 어려움은 무엇보다도 외로움과 소외감이다. 나는 이 외로움과 소외감이 바로 차이에서 오는 불가항력의 심리적 압박감이라고 생각한다. 새로운 단체에 들어가면서 느끼게 되는, '엄마와 떨어져 낯선 사람들 틈에 섞이는 두려움'과는 분명히 다른 것이다. 네 살짜리 아이의 눈에 제 또래 튀니지 아이들은 어떤 모습으로 비쳤을까, 아이는 이 차이를 어떻게 받아들였을까.

외국 사람들 틈에서 '차이'를 구체화하는 요소는 크게 두 가지

▾ 튀니지의 집들은 거의 다 하얀색이다. 무더운 날씨와 뜨거운 태양열을 조금이라도 식혀 보고자 하는 취지에서다. 창틀만 파란색으로 칠한 하얀색 집들이 줄지어 있는 풍경은 이탈리아나 그리스 관광 기념엽서에 등장하는 풍경과 흡사하다.

로 생김새와 말이 있다. 확실히 한국 사람과 튀니지 사람의 생김새는 다르다. 첫째가 처음 프랑스에 도착해서 호텔 방에 들이닥친 흑인 아줌마를 마주하고 기겁했던 그 차이와의 첫 만남이 생각났다. 둘째 녀석도 같은 경험을 하고 있는 것이다.

하지만 차이에 대응하는 방식은 첫째와 둘째가 완전히 달랐다. 세린은 한 번 심하게 울고 난 뒤로는 그렇게 격하게 거부 반응을 보이지 않았다. 항상 긴장해서 눈을 동그랗게 뜨고 주위 눈치를 살피며 실수하지 않기 위해 애를 썼다. 아침마다 유치원 문 앞에서 자꾸 뒤를 돌아다보는 모습은 엄마와 점점 멀어지는 것을 힘들어하는 표정이었지만 칭얼대거나 운 적은 한 번도 없었다. 그런데 세아는 매일같이 줄기차게 울고 매달리고 떼를 썼다. 자기가 할 수 있는 모든 방법을 동원해서 거부하는 것이었다. 어찌나 심하게 우는지 겨우 떨어뜨려놓고 나와도 어린이집 대문 밖까지 울음소리가 계속 들릴 정도였다.

이런 반응의 차이는 결정적으로 두 아이의 성격 차에서 오는 듯하다. 매사에 신중하고 차분하며 내성적인 세린은 혼자 고민하고 애쓰다가 어쩔 수 없으면 자기에게 주어진 상황을 받아들이지만, 솔직하고 직선적이고 앞뒤 안 가리는 저돌적인 성격의 세아는 최대한 적극적으로 거부감을 표시한다. 다수의 틈에서 혼자가 된 '미운 오리 새끼'가 소외되지 않기 위해 자기가 먼저 다수를 밀어내고 거칠게 반응하며 선수를 치는 것이다.

말의 차이는 아무래도 또래 아이들 사이에서는 그렇게까지 충격적인 것은 아닌 것 같았다. 아이들은 놀이를 통해 서로 소통할 수 있으니 말이다. 하지만 하루 종일 계속되는 선생님들의 말은 차이를 각인시켜주는 그야말로 흉기처럼 느껴질 수도 있을 것이다. 게다가 튀니지 어린이집에 네 살짜리 한국 여자 아이가 입학하는 일이 결코 자주 있을 리 없다 보니, 원장 선생님부터 수위 아저씨까지 모두 세아를 신기하게 바라보며 유난스럽게 쓰다듬거나 자꾸 말을 걸고 하는 거였다. 딸아이는 시종일관 사람들의 관심 표현을 외면했다. 미소를 띠긴 했지만 무슨 말인지 알아들을 수 없는 언어로 이야기하며 다가오는 사람들이 아이에게는 그저 당황스럽고 불안하게만 느껴졌던 듯하다.

하루 종일 어린이집에 있으면서 아이가 무슨 생각을 하는지, 어떤 표정을 짓는지, 누구와 무슨 대화를 하는지 나로서는 알 도리가 없었다. 하루에도 몇 번씩 애처로운 마음이 들어 당장이라도 어린이집으로 달려가 먼발치에서라도 살펴보고 싶은 심정이 굴뚝같았지만, 업무 중이니 꾹 눌러 참는 수밖에 없었다.

아무래도 둘째한테 마음이 더 쓰였다. 첫째야 이미 자기를 공주처럼 키워주신 할머니 할아버지와 떨어져 프랑스 유치원에 다닌 경험이 있으니, 나름대로 '유경험자'로서의 의연함이 있었다. 하지만 또래에 비해 유난히 키도 작고 체격도 왜소한 둘째 꼬맹이가 힘들어하는 모습은 정말 애처로웠다. 하지만 그저 지켜볼 뿐, 엄마로서 해줄 것은 아무 것도 없었다. 네 살짜리가 감당하기에는 너무 갑작스럽고 무거운 부담이겠지만, 이건 딸아이의 인생이므로 스스로 알아서 개척해나가는 수밖에 없었다.

결국 시간이 지나면서 또래 아이들과 다르게 생긴 외모에 무뎌지고, 생소했던 언어를 점차 알아듣게 되고, 말도 할 줄 알게 되면서 주변 사람들과 교감하고, 그럼으로써 '차이'를 의도적으로나마 인식하지 않게 되는 그 모든 단계를 거쳐야만 하는 것이다. 그걸 우리는 '현지 적응'이라고 부른다. 정도의 차이만 있을 뿐, 어느 누구도 이 적응 단계를 뛰어넘을 수 없다.

세아의 거부 반응은 시간이 지나면서 서서히 약해져갔다. 그럴 때마다 나는 아이한테 "네가 울면 엄마가 가슴이 아픈데, 오늘 울지 않아서 정말 고마워"라고 말해주었다. 두어 달 정도 지나자 여전히 눈에는 눈물이 그렁그렁 하면서도 울지 않고 참으려는 결연한 의지가 엿보였다. "엄마 안녕!" 하며 애써 태연한 척 어린이집 현관 앞에서 손을 흔들어 보였다.

처음에는 어린이집에서 주는 점심도 거의 입에 대지 않았다. 유치원 선생님이 걱정을 하며 차라리 집에서 도시락을 싸 보내는 게 낫지 않겠냐고 했지만, 나는 꿋꿋하게 버텼다. 어차피 출근 준비에 정신없는 아침마다 도시락을 싸줄 자신도 없지만, 그보다는 아이 혼자만 도시락을 가져가면 친구들이 "이게 뭐야?" 하며 노골적으로 궁금증을 표시할 것이 뻔한데, 아이한테는 그것이 더 고욕일 것이라는 생각이 들어서였다. 다행히 아이의 본의 아닌 단식 투쟁도 시간이 지나면서 조금씩 나아졌다.

그렇게 아이는 서서히 적응해가기 시작했다. 어느 순간 특별한 계기로 깜짝 놀랄 만한 반전이 일어난 것이 아니라, 하루하루 시간이 가고 매일 같은 선생님, 같은 친구들과 하루 종일 지내면서 결국 이 사람들이 자기가 함께 지내야 하는 사람들이라는 사실을 받아들이기 시작한 것이다.

아무리 울고 떼를 써봐야 어쩔 수 없이 매일 이곳으로 다시 와야 한다는 자신의 '운명'도 받아들이기 시작했다. 일정 부분 체념도 했고, 또 엄마가 자기가 우는 것을 슬퍼한다는 사실도 인지했다. 그와 더불어 신기한 동양 아이를 놀려대던 튀니지 아이들도 매일 그 아이를 보면서 식상해진 탓인지 점차 '미운 오리 새끼'의 존재를 묵인하기 시작했다.

튀니지의 미운 오리 새끼, 날아오르다

세아는 달라졌다. 처음에는 차이에 놀라 몸부림치며 모든 것을 온몸으로 거부하더니, 서서히 차이에 익숙해지고 의사소통도 어느 정도 가능해지자 타고난 적극성을 발휘하며 본색을 드러내기 시작한 것이다.

어린이집의 튀니지 아이들은 자기가 태어난 곳에서 커다란 환경 변화 없이 자라왔기에 모든 것이 안정되어 있는 반면, 주변에서 일어나는 일들에 그렇게까지 민감하게 반응하지는 않는다. 이에 비해 세아는 늘 긴장하며 자기 주위에 무슨 일이 일어나는지, 또 저 사람이 나한테 뭐라고 하는지 항상 신경을 곤두세워야 했기에, 사소한 변화에도 민감하게 반응하며 즉각적으로 상황을 판단했다. 그 덕에 선생님이 뭔가 새로운 것을 알려주거나 색다른 프로그램을 진행할 때면 다른 아이들은 넋 놓고 가만히 있는 것과 달리 세아는 번개처럼 반응을 보였고 그때마다 선생님이 감탄을 하며 칭찬을 해주었다. 그렇지 않아도 적극적인 성격인데 선생님이 자기만 칭찬해주자 세아는 드디어 '튀기' 시작했다. '미운 오리 새끼'가 거꾸로 진짜 오리들을 리드하는 입장이 된 것이다.

유치원 학예회 때였다. 아이들이 프랑스 동요를 합창했다. 진짜 백조같이 하얀 복장을 하고 맨 앞줄 한가운데 서 있는 우리 '오리 새끼'를 보자, 나는 눈물이 핑 돌았다. 세아는 손을 어깨 높이까지만 올린 상태에서 끊임없이 엄마한테 손을 흔들어 보였다. 노래가 시작되기 전에 옆에 있는 친구들이 떠들자 입에 집게 손가락을 갖다 대며 "쉬, 쉬" 하고 연거푸 참견을 했다. 이윽고 피아노 반주가 나오고 아이들이 합창을 시작했다. 세아는 입을 있는 대로 벌리고 힘차게 노래했다. 고개는 연신 끄덕끄덕 대고 몸은 양쪽으로 흔들며 옆자리 아이들과 눈을 맞춰가면서, 그 와중에도 엄마를 향해 수시로 손을 흔들어 보이며 그야말로 혼신을 다해 노래했다. 합창이 끝나고 박수 소리와 환호성이 울려 퍼지자, 세아는 옆과 뒤에 서 있는 친구들한테 "인사해야지, 인사" 하고 외치면서 같은 반 아이들을 격려했다. 골목대장이 따로 없었다.

딸아이의 놀라운 발전 앞에 경이로움과 측은한 마음이 동시에 들었다. 이거야말로 자신의 모든 것을 총동원해서 이루어낸, 성공적인 현지 적응 사례가 아닌가. 허구한 날 유치원 앞에서 울며 불며 엄마의 마음을 그리도 아프게 하더니, 어느 틈에 저렇게 잘 적응했는지…. 저렇게까지 되기 위해 아이 자신은 얼마나 힘든 시간을 견뎌내며 생존 방식을 터득했을까 하는 생각에 애처로운 마음이 들었다.

하지만 이런 의도하지 않은 '하드 트레이닝'을 겪고 '미운 오리 새끼'로 당당하게 살아가는 방법을 몸소 터득한 세아는 언제 어디서 누구를 만나든 간에 주눅 들거나 머뭇거리지 않는 최고의 사회성을 지닌 아이로 성장해갔다. 싫고 좋은 게 분명하고 상대방의 눈치를 보는 일도 없으며 항상 밝고 자신감에 차 있는 모습이다. 매사에 민첩하고 늘 '레이더'가 가동되는 예민한 촉각과 기억력을 지녔다. 이 모든 것이 가능한 한 빨리 새로운 환경에 적응하고 어떤 상황에서든 상대방에게 꿀리거나 얕보이지 않기 위해 스스로 터득한 생존 기술이리라.

튀니지에서 생활한 지도 2년이 지난 2008년 3월, 나는 프랑스로 발령을 받았다. 열한 살 세린, 여섯 살 세아는 엄마를 따라 다시 프랑스로 떠났다.

프랑스의 힘, 교육

공동생활의 예절 교육,

가정에서부터

프랑스는 내가 두 아이를 가장 오래 키운 나라다. 2001년 프랑스에 처음 부임하여 3년간 있었고 2008년 3월, 다시 프랑스로 돌아왔다. 급하게 기저귀를 떼고 프랑스 유치원에 들어갔던 네 살배기 세린은 이제 열한 살이 되어 프랑스 초등학교에 들어갔다. 프랑스에서 태어나 6개월을 보낸 세아는 어느덧 여섯 살이 되어 프랑스 유치원생이 되었다. 두 차례의 프랑스 생활을 모두 합치면 큰애는 6년 반, 작은애는 3년 반 동안 프랑스에서 학교를 다닌 것이다. 나 역시 프랑스에서 7년 넘게 유학 생활을 보낸 만큼 결국 나와 딸아이는 오랜 시간 동안 프랑스의 교육제도 안에서 생활한 셈이다.

유학생으로 7년 반, 외교관으로 6년 반, 이렇게 거의 14년을 프랑스에서 산 나로서는 프랑스의 문화나 역사, 프랑스 사람들의 사고방식, 프랑스 사람들의 일상생활에 많이 익숙해졌다. 그럼에도 불구하고 참으로 이해하기 어려운 점도 있다. 그중 하나가 바로 프랑스인들의 철저하게 이기적인 자유주의 원칙이다.

프랑스 사람들은 각자 최선을 다해 자신의 자유를 만끽한다. 그만큼 다른 사람의 자유도 최대한 존중한다. 어떻게 보면 정말 깍쟁이다 싶을 정도로 남의 일에 참견하지 않고 자기 사생활도 철저하게 보장받기를 원한다. 그렇기 때문에 대통령의 스캔들 사건이 터져도 별다른 관심을 보이지 않는다. 그저 개인의 사생활일 뿐이다.

비단 사회생활에서뿐만 아니라 가족 내에서도 마찬가지다. 부부 사이에서도 각자의 생활을 존중하는 것은 물론, 부모와 아이 사이에서도 이 원칙은 기본적인 매너다. 따라서 이러한 생활 방식은 육아에도 그대로 적용된다. 아이로 인해 부모의 생활이 방해받지 않도록 하는 것이다. 그러기 위해서는 아이가 어른들과 가족으로서 함께 생활할 수 있도록 배우고 익혀야 한다. 아이라고 해서 멋대로 떼를 쓰거나 하고 싶은 대로 하는 것이 아니라, 가족이라는 공동체의 한 일원으로서 절제하고 인내하는 매너를 익히는 것이다.

프랑스 부모한테 가장 치욕스러운 것은 자기 아이가 '버릇없다'고 지적을 받는 것이다. 아이가 떼쓰는 것을 그대로 다 받아주며 버릇없게 키우는 부모를 흉볼 때 '앙팡-루와'라는 표현을 쓴다. '꼬마 제왕'이라는 말로 아이가 집안의 왕처럼 군림하도록 내버려두는 육아 방식에 대한 비판이다. 아이가 집안의 왕이려면

부모는 몸종이어야 한다.▼

아이는 집 안에만 있을 수 없다. 어차피 어린 나이부터 탁아소에 가고 유치원에 가니 곧바로 공동생활에 적응해야 한다. 집에서나 밖에서나 일관된 생활 방식을 갖고 살아가는 것이 훨씬 편한 게 분명하다. 집에서는 '앙팡-제왕'처럼 제멋대로 지내다가 유치원에 가서 '앙팡-무수리' 취급을 받는다면 아이가 느끼는 상대적 박탈감은 감당하기 어렵고 혼란스러울 것이다.

식사 시간 때도 마찬가지다. 보통의 프랑스 가족들은 아이들과 함께 식탁 앞에 앉아 정해진 시간에 식사를 한다. 아이들은 집에서든 밖에서든 보통 2시간 정도 이어지는 디너 테이블에서 부모와 함께 끝까지 식사를 같이한다. TV 보는 아이에게 밥을 먹이기 위해 밥그릇을 들고 따라다니는 프랑스 엄마는 상상하기 어렵다. "비엥 이씨 에 아시에 뜨와!"▼▼ 단호한 엄마의 말 한마디에 아이는 자리에 앉아 식사를 마칠 때까지 자기 자리를 지킨다.

언젠가 아이들과 프랑스 식당에서 식사를 할 때였다. 바로 옆자리에 프랑스인 가족이 앉아 있었는데 두 아이의 나이가 우리 아이들과 거의 비슷해 보였다. 그중 대여섯 살쯤 되어 보이는 사내아이가 바게트 빵을 하나 들더니 식탁 중앙에 놓인 덩어리 버터를 자기 나이프로 덜어서 곧바로 빵에 바르는 것이었다. 그 순간 아이 아빠가 육중한 손바닥으로 아이의 손등을 그대로 내리

▼ enfant-roi. 프랑스어 사전에는 이 표현에 대한 해석을 이렇게 곁들이고 있다 : 좀 더 빈정대는 표현으로 하자면 '꼬마-폭군'을 뜻한다. 버릇없이 자기 욕심만 채우는 아이를 난폭한 왕에 비유한 말이다. 출산 저하와 더불어 나타난 부정적인 사회현상이다.

▼▼ '이리와 앉아'라는 말이다.

쳤다. 얼마나 세게 쳤는지 옆에서도 '찰싹' 하는 소리와 함께 충격이 느껴질 정도였다.

"버터는 먹을 만큼 자기 접시에 덜어놓은 다음에 자기 접시에 놓인 버터를 자기 빵에 발라야 한다고 했잖아! 도대체 똑같은 말을 몇 번이나 되풀이해야 제대로 지킬 거냐고!"

가차 없이 날아오는 아빠의 지적에 두 아이 모두 주눅이 들어 그야말로 중죄라도 지은 사람처럼 쭈그러들었다. 누가 보면 '친아빠가 아닌가 보다' 하고 생각할 정도로 아빠의 징벌은 냉정하기 그지없었다. 나는 속으로 '그래도 귀싸대기 때리는 것에 비하면 저 집은 상당히 양호한 편이네'라고 생각했다. 식당이든 길거리에서든 아이가 잘못을 저지르면 인정사정 볼 것 없이 그대로 따귀를 날려버리는 프랑스 엄마들을 종종 봐왔기 때문이다.

옆자리 아이의 상처받은 마음이 고스란히 느껴지는지 우리 아이들까지 숙연한 자세를 유지하고 있었다. 그러더니 세아가 보란 듯이 크고 정확한 몸짓으로 바게트 빵을 집어 들고는 나이프로 버터를 덜어 자기 접시에 가져다놓고 쓱쓱 열심히 빵에 발라댔다. 그러고는 사내아이를 향해 고개를 돌리고 한입 크게 빵을 베어 먹었다. 버터 한 번 잘못 발랐다가 된통 당한 꼬마 아이는 눈물이 글썽글썽한 상태에서 우리 아이를 바라보며 '인생 참 살기 힘들다 그치?'라고 말하는 것처럼 공감을 표하고 있었다.

사실 그 프랑스 부모가 유난스러운 게 아니다. 프랑스 가정 모두가 이렇다. 어른들은 너나 할 것 없이 자유분방하고 아랫도리에 대해서는 언급하지 않는 것이 예의라며 자기들끼리는 그리도 관대한 프랑스 사람들이 아이들에게 이렇게 엄격할 것이라고는 짐작하기 어렵다. 하지만 이렇게 어렸을 때부터 가정에서 일관성 있게 공공 예절을 배워온 사람들이기 때문에 오히려 사회 활동에도 적극적이고 자기표현이나 주관이 뚜렷하다.

이런 프랑스에서 식사 중에 자기 마음대로 식탁을 벗어나거나 그것도 모자라 식당을 쓸데없이 돌아다닌다는 것은 상상도 하기 어렵다. 가정에서부터 익힌 엄격한 식사 예절은 여러 사람이 모이는 공공장소에서는 더욱 철저하다. 겉으로는 매사 무질서하고 제멋대로인 듯 보이는 프랑스 사람들이지만 자기 아이가 식당에서 마음대로 돌아다니거나 시끄럽게 해서 다른 사람에게 피해를 준다는 것은 절대 있을 수 없는 일이기 때문이다.

아이가 조금만 떼를 써도 쪼르륵 달려가 아이의 비위를 맞추는 관대한 우리 엄마들에 비해 프랑스 엄마들은 정말이지 독하다 싶을 정도로 엄격하고 단호하다. 가정이라는 울타리 밖에서 사회생활을 하게 될 아이를 위해 악역을 자처하는 것이다. 아니, 독하다는 생각을 하지 않을지도 모른다. 너무나 당연하고 자연스러운 그리고 공통된 육아 원칙이기 때문이다.

프랑스 엄마들은 아이에게 체벌도 가한다. 엉덩이 몇 대 정도는 예사다. 마트에서 장난감을 사달라고 조르다가 엄마한테 질질 끌려 나가는 아이들도 가끔 눈에 띈다. 놀이터에서 놀다가 다른 아이한테 해코지를 한다거나 놀이기구를 타는 순서를 어긴다거나 남의 물건을 빼앗는다거나 하다가 엄마한테 걸리면 바로 그 자리에서 체벌이 가해지고 그날의 놀이터 일정은 끝난다. 가차 없이 벌이 가해지는 것이다. 철저한 인과응보의 원칙이다.

사실 프랑스 아이들이 잘못을 했을 때 가하는 가장 큰 벌은 엉덩이 때리기 같은 게 아니라 바로 '디저트 생략'이다. 프랑스 사람들의 디저트에 대한 애착은 대단하다. "오늘 저녁 디저트는 없다"는 말은 아이에게 가하는 최악의 가혹 행위에 해당한다. 저녁 식사 후 다른 가족들이 맛난 디저트를 먹는 동안 아이는 식탁에서 쫓겨나 반성의 시간을 갖는다. 프랑스 아이들이 이 벌을 그리도 겁내는 것을 보면 효과가 큰 게 분명하다.

프랑스 부모들이 특히 강조하는 것은 아이 훈육에서의 일관성이다. 보통의 부모들은 다른 사람 집에 놀러갔거나 또는 자기 집에 손님이 와 있거나 아니면 여러 가족들이 함께 있거나 하는 자리에서 자기 아이가 잘못을 저지를 경우 다른 사람의 눈치도 보이고 민망하기도 해서 아이를 심하게 야단치지 못한다. 얼른 상황을 무마시키고 태연한 척하기 바쁘다. 하지만 프랑스 부모들은 그야말로 가차 없다. 오히려 손님들이 아이 부모에게 자기들 의식하지 말고 아주 따끔하게 야단치라고 조언한다. 정말로 서로를 위하는 마음에서 그러는 것이다.

내가 프랑스에서 유학하던 시절이다. 논문 지도를 받기 위해 지도 교수님 댁으로 갔다. 거실에서 교수님과 한참 이야기를 나누고 있는데 교수님 아들이 들어왔다. 고등학생 아들은 무언가를 찾는 듯 거실 벽면의 책장 아래쪽 서랍을 뒤졌다. 부스럭대는 소리가 신경에 거슬렸는지 갑자기 교수님이 자리에서 일어나더니 아들한테 버럭 화를 내기 시작했다.

"너 지난번에 가위 쓰고 어디다 넣은 거야! 항상 가위는 두 번째 서랍 안에 정리하는 거잖아. 네가 쓰고 제자리에 놓지 않으니 다른 식구들이 서랍을 온통 뒤져야 하잖니. 지금도 네가 쓸 물건을 못 찾고 여기저기 뒤지는 거 아니야! 너 혼자 사는 집이 아닌데 왜 그렇게 질서를 안 지키는 거야. 똑바로 안 할래, 정말!"

교수님은 민망할 정도로 아들을 몰아세웠다. 괜히 나까지 주눅이 들었다. 덩치 큰 고등학생 아들은 아무 말도 못하고 아빠한테 실컷 훈계를 들은 뒤에야 거실에서 나갈 수 있었다.

"큰소리 내서 미안합니다. 바로 그 자리에서 야단을 치지 않으면 좀처럼 버릇을 고칠 수가 없거든요" 하며 그제야 평상시의 목소리로 돌아왔다. 다 큰 아이한테 그 정도니 어렸을 때는 정말 굉장했겠구나 하는 생각이 들었다. 우리나라 부모 같으면 손님이 와 있을 땐 모른 척 할 법도 한데 말이다.

프랑스 사람들이 각자의 자유를 구가하는 바탕에는 바로 절제와 인내라는 성장 과정의 훈련이 배어 있다. 학교와 집에서 공통되고 일관되게 받는 교육인 만큼 모두들 당연하게 여기며, 그렇기 때문에 각자 자신의 자유를 주장하는 데 당당하고 거리낌이 없다. 그들 스스로가 쟁취해낸 특권이기 때문이다.

그래서 그렇게 절제와 예절을 교육받은 아이들은 자연스럽게 부모의 취미 생활도 함께할 수 있다. 파리 바스티유 오페라 극장에서 <트리스탄과 이졸데> 공연을 보러간 적이 있다. 그때 네 살

난 세린을 데려가면서 걱정을 했는데, 3시간이 넘는 긴 오페라임에도 불구하고 어린 아이들과 함께 온 부모들이 무척 많았다. 대여섯 살밖에 안 된 아이들이 제자리에 앉아서 오페라를 끝까지 감상한다는 사실이 정말 신기했다. 의자 위에서 몸을 배배 틀거나 오르락내리락하거나 칭얼대거나 먹을 것을 달라거나 하는 아이는 없었다. 앉은 채로 잠든 아이는 있을지언정 옆 사람에게 방해되는 행동을 하는 아이는 없었다. 우리나라에서는 그런 나이의 아이들은 오페라 극장에 입장 자체가 되지 않는다. 오페라 감상에 방해가 될 것이 분명하기 때문이다. 당연히 아이들과 함께 할 수 있는 문화생활의 폭이 제한될 수밖에 없다.

자기 아이가 하고 싶어 하는 것을 못하도록 막는 것을 즐기는 부모는 세상에 없다. 다만 언제나 모든 것을 마음대로 하도록 방치하는 것은 부모로서 아이한테 해주어야 하는 기본적인 사회적 책임을 유기하는 것이다. 아이는 언젠가는 사회생활을 시작해서 사회의 일원으로 살아가야 하는 엄연한 사회인이기 때문이다. 부모가 조금만 틀을 잡아주고 아이한테 할 수 있는 것과 해서는 안 되는 것, 잘한 것과 잘못한 것에 대한 판단 기준을 명확하게 제시해주면 아이는 사회생활을 하는 데 있어 부모한테 배운 그 기준을 지혜롭게 적용시킬 수 있다. 아이가 사회인으로서 행복하게 살 수 있는 탄탄한 길을 부모가 닦아주는 것이다. 그러기 위해서는 부모가 좀 더 단단해지는 게 맞는 것 같다.

아빠의 일관된 훈육

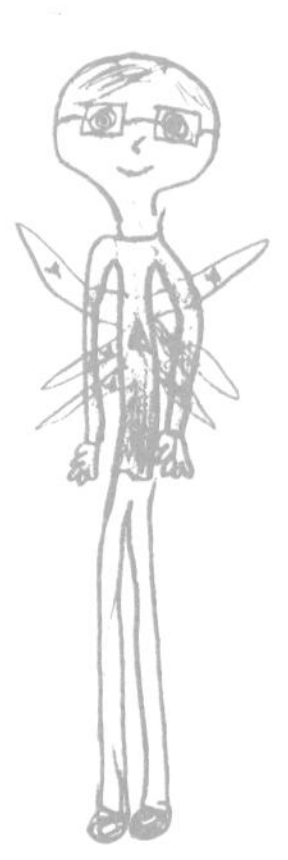

세린은 태어나면서부터 우리 친정집의 보물이나 다름없었다. 맏딸인 내가 워낙 결혼이 늦다 보니 부모님이 환갑이 훨씬 넘어서야 첫 손주를 보신 데다 너무나 오랜만에 맞이한 '아기'여서 출가 전인 내 동생들까지 앞다투어 세린을 보물처럼 떠받들면서 일종의 대가족 육아 체제에 돌입했다.

아기 아빠는 그런 처가의 분위기가 좋으면서도 자칫 아이를 '공주병'에 걸리게 하는 것은 아닌지 내심 염려되는 듯했다. 아이가 말귀를 알아들을 정도가 되면서부터는 이것저것 금지하는 규율을 적용하기 시작했다. 그리고 프랑스에 와서는 종종 좀 심하다 싶을 정도로 아이한테 철저하게 대했다. 어차피 유치원에서 공동생활 예절이 엄격한 상황이니 집에서도 일관된 훈육이 이루어져야 아이가 혼란스럽지 않을 것이라는 나름대로의 의미 있는 논리였다.

세린이 네다섯 살 정도 되던 시절, 이따금씩 파리에서 한국 식당을 찾으면 서빙하는 아주머니가 종종 이렇게 말하곤 했다.

"이 식당에 오는 한국 애들 중에 끝까지 앉아서 밥 먹는 애는 세린이 한 명뿐이에요."

"네? 정말요?"

"아이들은 본래 한군데 가만히 앉아 있지 못하잖아요. 특히 한국 애들은 거의 앉아 있는 법이 없어요. 애들한테야 식당에 오는 것 자체가 고욕이죠, 뭐. 프랑스 엄마들은 무척 엄하잖아요. 그러니까 아이들이 엄마 무서워서 앉아 있기는 하는데 이리저리 몸을 비틀잖아요. 아무튼 세린이는 유일하게 꼼짝 안 하고 앉아 있는 애예요. 너무 엄하신 거 아니에요?"

"좀 그런 편이죠. 특히 애 아빠가 그 부분에 대해서는 상당히 엄해요."

남편은 유독 공공예절에 엄격했다. 공공장소에서 아이로 인해 다른 사람에게 어떤 형태로든 피해가 가는 것을 참지 못하기 때문이다. 거의 결벽증에 가까웠다. 아이가 말귀를 알아듣게 되면서부터, 그러니까 걸어 다니기 시작할 무렵부터 그 부분에 관한 남편의 훈육은 그야말로 가차 없었다.

우리나라의 쌈밥 집이나 칼국수 전문점 같은 큰 식당에는 대부분 한쪽 구석에 아이들이 놀 수 있는 작은 놀이방 같은 것을 꾸며놓았다. 주말에 가족 단위로 찾는 그런 식당들은 그야말로 북새통에 가깝다. 우리 애도 그런 식당에 가면 밥은 먹는 둥 마는 둥하고 많은 아이들 틈에 끼여 미끄럼틀을 타는 데 여념이 없다. 이런 놀이방에서 여지없이 찾아볼 수 있는 풍경은 밥그릇을 들고 미끄럼틀에서 내려오는 아이들을 기다리는 엄마들이다. 한 번 타고 내려오면 한 숟가락, 또 타고 내려오면 다시 한 숟가락, 아이들은 미끄럼틀을 타기 위해 엄마가 내미는 숟가락을 날름날름 받아먹는다.

이런 보편적인 풍경에 힘입어 나도 밥그릇에 아이가 좋아하는 칼국수를 담아 미끄럼틀 앞으로 갔다. 엄마 노릇 한번 제대로 해보겠다고 팔을 걷어붙이고 나선 것까지는 좋았는데, 아이도 아이 엄마도 없어진 자리에서 혼자 밥을 먹던 남편이 나를 한심하다는 듯 한 번 쳐다보더니 다 먹고는 그대로 식당 밖으로 나가버리는 것이었다. 나는 겸연쩍기도 하고 남편의 과도한 거부 반응이 못마땅하기도 해서 무척 심기가 상했다. 우리는 집으로 돌아오는 차 안에서 침묵으로 일관했다. 폭풍 전야의 팽팽한 긴장감이 느껴졌다.

남편은 자기한테만 악역을 맡겨놓고 내가 전혀 협조해주지 않는다며 불만과 서운함을 함께 토로했다. 나는 나대로 남편의 한 치의 에누리도 없는 빡빡한 태도가 너무 과해 숨이 막힌다고 맞받아쳤다. 남편은 아이를 교육시키는 과정에서 수시로 '봐주기'와 '눈감아주기'를 하게 되면 결국 눈치 빠른 아이는 부모의 훈육에 일관성이 없고 항상 예외가 존재한다는 사실을 알게 된다고 했다. 그렇게 되면 훈육 자체가 소용없어진다며 나더러 순간의 편함을 위해 원칙 자체를 무너뜨리면서 눈 가리고 아웅 하는 식의 육아를 한다고 비난했다. 결국 우리의 냉전은 언제나처럼 참을성이 떨어지는 내가 먼저 종전을 선언하면서 막을 내렸다. 사실 남편의 말이 옳다는 것을 나 스스로 잘 알고 있기 때문이기도 하다.

"아이가 부모가 정해주는 원칙과 공공예절을 인지하고 받아들일 때까지 잠시만 마음을 굳게 먹고 참으면 되는데, 그걸 못해 매번 도로 아미타불을 만들고 있잖아. 나도 그저 오냐오냐 하는 사람 좋은 아빠로 인식되고 싶다고. 누군 악역을 맡는 게 즐거워서 하는 줄 아나…."

그 뒤로 나는 아이 훈육에 있어서 무조건 애 아빠의 방식을 따르기로 했다. 몇 번의 고비가 있었지만 결국 아이는 엄격한 훈육에 길들여졌고, 훈육의 원칙을 깨우치게 되었다. 해도 되는 것과 안 되는 것, 할 수 있는 장소와 그렇지 않은 곳, 무엇이든 제 마음대로 할 수만은 없다는 사실을 알게 된 것이다. 그 결과 밖에 나가서든 사람이 많은 장소에 가서든 아이한테 수시로 잔소리를 해대야 하는 귀찮은 상황이 우리한테는 일어나지 않았다. 잠시의 어려움을 견디고 나니 그 다음은 무척 편해진 것이다.

무엇보다도 아이라고 절대 봐주는 법이 없는 프랑스 사회에서 최소한 가정교육이 잘못되어 아이가 버릇없다는 손가락질을 받지 않아도 되었다. 프랑스에서 아이와 함께 외출해도 얼굴을 붉히거나 언성을 높일 필요가 없는, 여러 가지를 편하게 즐길 수 있는 행복한 상황이 만들어진 것이다.

최근 우리나라에서 음식점이나 카페 등 많은 사람이 모이는 곳에서 아이들의 출입을 제한하는 '노 키즈 존No Kids Zone'이 늘어나면서 논란이 되고 있다. 부모의 통제를 받지 않은 아이들의 소란으로 사고 위험이 커지자 아예 아이를 출입시키지 않겠다는 건데, 출입 금지의 대상은 유모차, 5세 미만, 7세 미만, 심지어 초등학생까지 매우 다양하다. 아이에 대한 차별이자 인권 침해라거나 아이를 방치하는 부모 때문에 어쩔 수 없다라거나 등등 의견이 분분하지만, 확실한 건 내 아이가 남에게 피해가 되지 않도록 부모가 공공예절을 가르쳐야 한다는 점이다.

프랑스의 엄격한 육아 방식에 대해 이야기했지만, 사실 우리도 전에는 '세 살 버릇 여든 간다'는 속담처럼 어릴 때부터 엄하게 훈육했었다. 그런데 아이를 하나나 둘만 낳게 되면서 그저 내 자식이 제일 귀하고 최고라는 식이 되어버린 듯하다. 식당에서 자기 아이들이 여기저기 돌아다니며 다른 손님들 물건을 만지거나 종업원의 서빙을 방해해도 그냥 두는 부모들의 기막힌 관대함이 부른 논란일 것이다. 또 여러 사람이 식사를 하고 있는 식당 안에서 아이가 볼일을 본 기저귀를 갈아주고 또 그 기저귀를 테이블 밑에 그냥 놔두고 가는 부모들의 행동 역시 문제이다.

아이들도 판단 능력을 가지고 있다. 아이들은 집 안에서도 약자와 강자를 분명히 구분할 줄 안다. 자기가 무엇을 잘못했는지도 잘 안다. 아이가 버릇없어지는 것은 전적으로 부모 책임이다. 잘못을 저지른 아이한테 그 잘못을 깨닫게 해주지 못하고 그냥 참아 넘기고 매 순간마다 상황 모면에만 급급한 부모의 탓이다.

내 아이만 예쁘다고 오냐오냐해서는 결코 내 아이가 밖에서는 예쁨을 받지 못하는 것이 현실이다. 내 아이가 다른 사람한테도 그리고 아이가 속한 사회에서도 존중받고 사랑받기를 원한다면 엄마들이 조금 더 혜안을 가져야 할 것 같다. 아이를 내 품 안에만 가두어둘 수는 없지 않은가. 아이가 자라면서 더 넓은 사회의 일원으로 정정당당하게 성장하기를 원한다면 꼭 프랑스 엄마들의 육아 방식을 얘기하지 않더라도 좀 더 글로벌한 마인드가 필요하다.

엄마가 집에 있어야 아이가 바르게 큰다?

프랑스에서 아이를 키우면서 좋은 점은 엄마들 대부분이 일을 하는 '워킹맘'이다 보니 육아 문화가 그에 맞춰져 있다는 사실이다. 특별한 때가 아니면 엄마가 유치원이나 학교에 갈 일이 없다. 여기서 특별한 때란 크리스마스 학예회나 학년 말 발표회, 학부모 면담 그리고 이따금씩 여는 바자회 정도이다. 엄마들끼리 그룹을 만들고 그 안에서 아이들 간에 알력이 생기는 그런 종류의 문화는 상상하기 어렵다. 남의 나라에 와서 아이를 맡겨야 하는 이방인 워킹맘 입장에서는 참으로 고맙고 다행한 일이 아닐 수 없다.

내가 경험한 프랑스 엄마들의 현실과 사회 인식은 한국과는 많이 달랐다. 차이를 직접 경험한 것은 유치원 학부모 참여 프로그램을 통해서였다. 크리스마스가 다가오는 12월 초가 되면 유치원은 연말 학예회 준비를 위해 학부모들에게 도움을 청한다.

이런 프로그램도 평일 낮 시간이 아니라 퇴근 후인 저녁 시간에 이루어진다. 유치원에 온 엄마들은 모두 나처럼 피곤에 지쳐 퇴근한 워킹맘이었다. 물론 참여는 강요가 아닌 선택이다.

학예회장을 꾸미는 일을 하게 됐는데 크리스마스 장식 소품을 만드는 동안 엄마들의 입은 한 순간도 멈추지 않는다. 이런저런 이야기들을 하다가 어느 순간엔가 사르코지▼ 대통령의 연금 개혁이 도마에 올랐다.

"사르코지 말이야, 그 인간 완전 미친 거 아니야. 아니 그렇게 정년만 연장하면 우리더러 할머니 되어서까지 일을 하라는 거 아니야. 2년이나 더 일을 하라고? 난 절대 못해. 끝까지 싸울 거야. 엘리제궁▼▼을 부숴서라도 이번 시위는 끝장을 보고 말거야."

정년을 60세에서 62세로 연장하는 방안에 대해 절대 동의할 수 없다며 더 이상 일을 하지 못하겠다는 엄마들의 의지는 결연해 보였다. 연금 개혁 이야기가 나오면서 나도 대화에 동참했다. 어떤 엄마가 내게 한국에서는 정년이 몇 살이냐고 물어왔기에 주어진 기회였다.

"공무원 정년은 60세예요. 65세인 때도 있었는데 젊은 사람들한테 기회를 더 많이 주자는 취지에서 줄인 거지요. 그런데 말이죠, 한국과 프랑스 사이에는 결정적인 차이가 있어요. 아주 근본적인 차이죠. 한국에서는 일을 더 하게 해달라고 시위를 하고, 프랑스에서는 일을 덜 하게 해달라고 시위를 한다는 거예요. 어쩌

▼ 전 프랑스 대통령. 2007~2012년 재임 후 연임에 도전했으나 현 올랑드 대통령에게 패했다.
▼▼ 프랑스 대통령실의 이름

면 사람들이 똑같은 상황에서 정반대의 요구를 할 수가 있는 걸까요?"

모두들 희한하다는 표정으로 나를 바라보고 있었다. 나는 말을 계속했다.

"물론 이건 노후 생활을 보장하는 연금제도와 깊은 연관이 있어요. 프랑스에서는 퇴직 후에도 연금으로 노후 생활이 충분히 가능하니까요. 한국에도 연금제도가 있긴 하지만 여기와는 달리 부족해서 모두들 정년 연장을 희망하죠. 또 평생을 일해왔는데 한순간에 일을 놓아버리는 것에 대한 아쉬움도 있고요."

어떤 엄마가 물었다. 전혀 다른 질문이었다.

"한국은 여자들이 다 일을 하나요? 우리는 아시아 사회를 잘 모르잖아요. 영화나 뭐 그런 데서 보면 일본 여자들은 남편 식사하는 데 무릎 꿇고 앉아서 물도 따라주고 하는 장면이 있던데, 한국은 어때요?"

나는 순간 난감해졌다. 기분도 좀 언짢았다. 하지만 내색하지 않기 위해 애를 쓰면서 태연한 척 대답했다.

"그건 정말 옛날 얘기예요. 유교 전통이 있는 아시아 국가들에서는 그런 면이 상당히 남아 있었지요. 하지만 지금은 상상도 못하는 이야기가 되었어요. 저만 봐도 알 수 있잖아요. 한국 외교부에 새로 들어오는 직원의 60%가 여자예요. 국가고시 합격생도 여자가 더 많아요. 요즘 젊은 남자들도 대부분 일하는 여성을 더 선호하죠. 다만 결혼해서 아기를 낳은 후에는 직장 생활을 접고 육아에 전념하는 여성이 프랑스보다 월등히 많죠. 꼭 그렇게 해야 한다기보다는 선택에 따른 거죠. 그래서 한국에선 이 엄마들을 중심으로 교육열이 장난 아니에요. 능력이 뛰어난 엄마들이 집에 있으니, 그 능력이 모두 자녀 교육으로만 쏠리는 게 아닌가 싶어요. 다들 아이들을 우수한 멀티플레이어로 만들려고 하죠. 그건 좀 심각한 사회적 문제이기도 해요."

우리나라의 연금제도에 이어서 우리나라 엄마들을 생각하게 된다. 확실히 우리나라 엄마들은 모두 능력이 넘친다. 최고의 교육을 받았고 직장에 다녔으나 아이를 낳게 되면서 전업주부의 길을 택하는 경우가 많다. 사회가 뒷받침해주지 못해 생기는 우리나라의 불행한 현실이다. 지적 능력이 뛰어난 데다 시간까지 많아진 엄마들은 자녀에게 유난스런 관심을 쏟다 보니 조기교육, 영재교육, 선행 학습, 예능 교육, 꿈나무 교실 그리고 태교에 이르기까지 갖가지 종류의 교육 프로그램을 개발한다. 엄마들의 부추김으로 생기는 프로그램이니 엄마들이 개발한 것이나 진배없다. 그리고 사회 전체가 이런 과열된 교육 현상을 수용한다. 국가에서 아이들의 육아와 교육을 전적으로 책임지지 못하는 시스템으로 인해 이런 기이한 현상이 발생한다는 사실을 숨기기 위해서다. 노동 가능한 연령대의 여성들이 아이를 낳은 후에도 사회 활동을 마음 편히 할 수 있다면 온갖 종류의 사교육을 개발하는 데 쓸 시간도 여유도 없을 것이기 때문이다.

이렇다 보니 아이를 낳고도 일을 하는 엄마들은 상대적으로 자책감이라는 큰 함정에 빠지기 쉽다. 아이를 맡길 만한 곳이 없어 발을 동동 구르고, 집에서 아이를 맞아주는 다른 엄마들과 비교당하며, 학교에서 요구하는 온갖 봉사 활동에 참여할 수 없어 가슴을 치고, 자기 때문에 아이가 왕따라도 당할까봐 조마조마하고, 아이 때문에 급하게 조퇴라도 해야 할 일이 생기면 중죄인이라도 된 듯 눈치 보며 한숨을 쉬어야 한다. 이러한 워킹맘의 어려움은 전적으로 우리 사회의 책임이다.

몇 년 전 외교부 본부에서 한 남자 직원의 말이 생각난다.

"자고로 애들은 말이야, 학교 마치고 집에 돌아가면 자기를 반갑게 맞아주는 엄마가 있어야 정서적으로 안정되어 바르게 크는 법이야. 요즘 아이들이 자꾸만 거칠어지고 문제를 일으키는 것도 다 따지고 보면 집에서 아이를 맞아주는 엄마들이 줄어들기 때문이라고."

단 한 번도 아이를 집에서 맞아본 적 없는 나로서는 대꾸할 말을 찾지 못했다. 그저 쓰라린 가책만이 나를 짓눌렀다. 순간적으로 내 아이들이 떠올랐다. 세린과 세아가 거친가? 정서 불안인가? 저 직원의 논리대로라면 프랑스 아이들은 모조리 삐뚤어지고 엉망이라는 말인데, 이거야말로 말도 안 되는 억지 아닌가. 딸을 키우는 남자들 중에 자기 딸이 이다음에 커서 잘나가는 전문직을 갖게 되기를 원하지 않는 남자가 과연 있을까. 열심히 학원 보내고 대학 보내고 어학연수까지 보내면서도, 결혼하면 꼭 집을 지키며 학교에서 돌아오는 아이들을 맞아주라고 가르치는 아버지가 과연 있는가 말이다.

학교에서 돌아온 아이들을 반갑게 맞아주고 맛있는 간식을 준비해주며 학교에서 있었던 일을 도란도란 이야기하는 생활, 나도 그런 생활이 부럽다. 하지만 그것이 인생의 전부가 아니며, 내가 아이들을 위해 해줄 수 있는 다른 것들이 있기에 마냥 부러워하지 않는다. 아이들은 일하는 엄마가 온몸으로 보여주는 세상 돌아가는 모습을 지켜보며 자라기 때문이다. 그리고 그 세상 속에서 엄마가 씩씩하게 살아가기를 응원해준다. 그렇게 우리는 엄마와 딸로서, 이 사회의 당당한 일원으로서 굳건한 공동체 의식을 가지고 말이다.

아무튼 프랑스 학부모들과 모여 앉아 이런저런 이야기를 주고받으면서 역시 서로가 속한 사회와 사고의 차이가 상당히 크다는 것을 실감했다. 그리고 회사를 다니는 엄마 또는 아빠가 유치원으로 퇴근하여 장식을 열심히 만드는 모습이 신기했다. 모두들 아이들과 유치원을 위해 무언가 하고 있다는 사실을 즐거워하고 있었다.

누가 보아도 윤택하고 인생을 즐기며 산다는 프랑스 사람들은 그런 자신들의 삶을 지키기 위해 애를 쓰고 힘을 합하고 서로 책임을 공유하고 있었다. 아이들은 부모의 그런 태도를 보고 자랄 것이다. 수다 떠는 거에도 극성맞고, 자기 권리를 찾아 시위하는 데에도 극성이지만, 무엇보다도 내 자식이 몸담고 있는 유치원이라는 작은 사회를 위해 너나 할 것 없이 바쁜 틈을 쪼개서 참여하는 프랑스 부모들의 극성이 인상적이다.

공교육의 권위란 이런 것

프랑스에는 사교육이 없다. 어린 아이들은 유치원과 학교에서 진행하는 감성 위주의 커리큘럼에 맞춰, 놀고 꿈꾸고 상상하느라 다른 과외 수업을 받을 시간적 여유가 없다. 큰 아이들은 학교 수업과 과제를 따라가기에도 벅차기 때문에 사교육에 눈을 돌릴 시간적 여유가 아예 없다. 게다가 유치원부터 대학원까지 전액 무상교육이다 보니 공교육 개념이 확실하게 잡혀 있어 특별히 사비를 들여 교육하지 않는다.

사교육이 없으니 유별난 선행 학습이나 조기교육도 없다. 남보다 앞서 조기에 학습을 해야 한다는 개념 자체가 없다. 오히려 필요한 적기에 남들과 어울려 시간을 가지고 천천히 즐기고 생각하면서 하는 공부를 지향한다. 놀이를 통해 개발되는 독창성, 표현력, 상상력 등 아이들 개개인이 지닌 고유의 감성적인 특성이 마음껏 발휘되도록 하는 데 치중한다.

미국과 비교해보면 프랑스 교육의 특징이 더 잘 드러난다. 미국 역시 공교육이 건재하여 유치원부터 고등학교까지 무상교육이다. 하지만 프랑스와는 차이가 있다. 우선 유치원 의무교육 연령이 프랑스보다 2년 늦는 데다 정규 수업이 오후 2시면 끝나고 방학 때 학교에서 아이들을 돌봐주지 않는다. 다른 한 가지 좋은 점은 미국도 프랑스와 마찬가지로 거주지에 따른 학군대로 학교를 배정해주지만 워낙 땅덩어리가 넓다 보니 아이들의 등하교를 위해 스쿨버스를 무상으로 운영한다는 점이다. 학교 급식의 경우 프랑스는 학부모의 소득 수준에 따라 차등을 매겨 내도록 하지만, 미국은 모두 동일하다.

프랑스와 미국의 결정적인 차이는 대학 교육에 있다. 모든 대학들이 평준화되어 있어 주소지에 맞게 배정하는 형식을 취하고 대학 입시 자체가 없는 프랑스와는 달리, 대학 등급이 천차만별이고 등록금도 어마어마한 미국은 어학 시험을 비롯하여 소위 '스펙'을 다양하게 요구한다. 그러니 대학 입시를 위한 특별 사교육이 존재한다.

특히 미국에는 한인 동포들이 밀집한 지역에 한국 사람 특유의 사교육 열의를 해소시켜줄 만한 갖가지 종류의 학원들이 우후죽순 들어서 있다. SAT 학원, 수학 학원, 에세이 학원 등 모두 학교 커리큘럼과 입시 제도에 부응하기 위한 학원들이다.

프랑스에는 한인 동포들이 얼마 되지도 않거니와 무엇보다도 대학 입학시험이 없으니 딱히 과외 학원이 필요해 보이지 않는다. 프랑스의 진학 개념은 선발이 아니라 통과 형식이기 때문에 아등바등하며 남보다 앞서야 한다는 경쟁의식이 없다. 물론 프랑스에도 '과외 공부'라는 용어가 존재한다. 하지만 개념이 우리와 다르다. 프랑스의 과외 공부는 학교 수업을 미처 따라가지 못하는 낙제생들을 대상으로 일정 커리큘럼에서 낙오자를 만들지 않기 위해서 학교에서 운영하는 제도다. 그렇기 때문에 과외 공부 자체가 학생들에게는 불명예일 수밖에 없다.

프랑스에서 아이들을 키우면서 가장 부러운 것은 바로 입시 제도다. 무엇보다 입시 제도가 변하지 않는다는 사실 자체가 정말 부럽다. 우리나라는 거의 매년, 최소한 3~4년 주기로 입시 제도가 변한다. 끊임없이 시행착오를 거듭하고 있기 때문이다. 입시 제도가 정착하지 못하고 수시로 바뀌다 보니 학부모와 학생들은 불안하고 혼란스럽다. 언제 어떻게 바뀔지 모르는 불확실성에 대비하기 위해서는 전천후 교육 방식을 택해 미리미리 공부해야 하고, 변화의 흐름에 맞춰 발 빠르게 대응해주는 사교육에 의존할 수밖에 없다. 그리고 이러한 풍토는 불행히도 공교육에 대한 불신을 쌓게 한다.

프랑스의 경우 초등학교까지는 그다지 학업 양이 많지 않다. 그 대신 다양한 종류의 취미 생활과 소양 교육 그리고 미술교육에 주력한다. 세아가 프랑스에서 다니던 유치원은 '미술학원'을 방불케 했다. 유치원 안에는 온통 아이들이 그린 그림으로 가득 차 있다. 원장 선생님은 미술을 통한 유아교육의 전문가로 정평이 난 인물이다. 인천시에서 초청을 해주어 미술 유아교육에 관한 세미나 참석차 한국을 다녀왔다며 한국 아이를 받게 된 것을 무척 기뻐했다.

단체로 박물관에 가서 줄지어 앉아 유명한 조각이나 그림을 모방해 그리거나, 전통 인형극을 관람하고 나서 아이들끼리 역할을 맡아 직접 인형극을 하거나, 동화를 정해 분장을 하고 행진을 하며 이야기를 재현하는 등 아이들이 직접 참여하는 수업이 무척 많다. 그렇다고 부모를 오라 가라 하지는 않는다. 어떤 부모도 아이들의 학교 커리큘럼에 맞춰 수시로 학교를 들락거릴 만큼 한가하지 않기 때문이다.

중학교에 들어가면서부터 학교 커리큘럼은 눈에 띄게 달라진다. 교육 수준이나 학업 양 자체가 아이들에게 한눈 팔 여유를 주지 않는다. 이런 꽉 조인 학교 수업은 고등학교를 마칠 때까지 계속된다. 학교 수업이 끝나면 각자의 수준에 따라 보충 수업이 필요한 학생들은 남아서 추가 수업을 받는다.

여가와 취미 활동을 위한 여러 가지 수업은 구역별로 시에서 운영하는 커뮤니티 활동에 등록해서 받을 수 있다. 물론 약간의 수업료를 내야 하고, 피아노나 바이올린 같은 인기 과목들은 일찍 자리가 차버리기 때문에 서둘러 사전 등록을 해야 한다.

프랑스의 학교 일체가 무상교육이라는 점도 어마어마하지만, 그 외에도 학생들에 대해서는 국가가 모든 것을 지원하는 개념이다. 만 26세 대학원생까지 모든 것에서 할인 적용을 받는다. 가히 학생들의 천국이라 할 만하다. 이러한 국가 시스템은 아이들이 일찍 자립심을 키워 사회인으로서 자기 자리를 찾아나가는

데 결정적인 역할을 한다.

이 모든 과정에서 무엇보다 중요한 것은 국가와 부모가 함께 하는 교육의 공범성이다. 어느 한쪽이 시스템에 협조하지 않고 혼자 '튀게' 되면 공교육 체제는 무너질 수밖에 없다. 상호 신뢰 없이 불가능한 제도이기 때문이다. 부모가 책임지는 어마어마한 세금과 그 세금으로 운영되는 국가의 교육 경영 체계는 누가 수요자이고 누가 공급자인지 구분할 수 없을 정도로 밀착되어 있다. 부모는 국가를 믿고 자녀를 맡긴다. 아이들은 국가가 부모와 함께 만들어놓은 그 시스템 안에서 인생을 준비하고 설계해나간다. 그리고 이것은 그 나라의 사회, 전통, 문화, 모든 것과 맥을 함께한다.

사교육 부담 때문에 나라를 떠나기까지 하는 지경에 이른 지금, 막연히 남의 나라 교육 제도나 풍토를 이야기하는 것이 별 도움은 되지 않을 것이다. 하지만 프랑스의 학교 제도를 경험해보면 비단 이것이 이 나라에서만 가능하리라는 법도 없다는 생각이 든다. 이것은 의지의 문제가 아닐까. 학부모와 국가가 함께 힘을 합쳐 신뢰할 만한 그리고 민주주의적인 교육 제도를 정착시켜 나가려는 의지 말이다.

최고 엘리트 교육, 평등과 불평등의 패러독스

'독일 기술자와 연구진들 수백, 수천 명이 죽어라고 매달려서 벤츠 자동차 한 대를 만들어 팔아봐야 프랑스 장인 한두 명이 만드는 에르메스 버킨 백▼ 한 개 값과 마찬가지다'라고 했던 어느 독일 사람의 푸념을 들은 적이 있다. '명품'하면 떠오르는 최고 브랜드의 대부분이 프랑스제다. 왜 프랑스가 유독 명품을 많이 생산해내는 것일까.

프랑스 사람들을 보면서 조상 잘 만난 덕에 잘 먹고 잘사는 것 같아 괜히 배가 아픈 적도 있다. 프랑스 전역에 화려한 궁전과 예술 작품이 널려 있으니 가만히 앉아 있어도 관광객이 몰려들어 그 돈으로 호의호식한다는 생각이 들었던 것이다.

▼ 에르메스 디자이너 장-루이 뒤마가 영국 출신 프랑스 가수이자 여배우인 제인 버킨을 위해 1984년에 처음 제작한 핸드백이다. 100% 핸드 메이드 제품이며, 특히 주문 제작 형식으로 핸드백 한 개를 장인 한 명이 책임지고 완성해내는 1인 1제품 생산 방식으로 유명하다. 에르메스 제품은 85%가 프랑스에서 생산되며, 시계는 스위스, 남성복은 이태리에서 제작된다.

하지만 이것은 프랑스의 겉모습에 불과하다. 프랑스가 'Made in France'를 고가의 명품으로 만들기 위해 기울인 노력을 모르고 하는 푸념인 것이다. 그 나라에서 생산되는 고유 브랜드가 명품으로 인정받는다는 것은 곧 그 나라 문화의 격조를 인정받는 것과 마찬가지다.

프랑스 사람들은 뭐든 하나를 만들더라도 유독 많은 시간을 들인다. 일을 빨리 해야 한다는 개념 자체가 아예 없는 사람들 같다. 집 한 채 짓는 데도 몇 년씩 걸리고, 핸드백 하나 만드는 데에도 몇 달을 투자한다. 제대로 한번 해보겠다는 뚝심이고 자존심이다. 그리고 이것은 사람을 명품으로 키우는 프랑스의 명품 교육제도와 철학에 기초하고 있다는 생각을 하게 된다.

프랑스는 인재 양성도 명품 제작 형식을 취한다. 이는 곧 프랑스의 저력과 직결된다. 프랑스 대혁명의 정신에 기초한 자유, 평등, 박애의 국가 이념을 실천하는 최일선의 실행 기관 학교는 시종일관 철저하게 평등 원칙을 지킨다. 프랑스 땅에 살고 있는 모든 사람들에게 똑같이 주어지는 균등한 교육 기회, 프랑스에 있는 모든 학교의 평준화, 일원화된 학위 관리와 EU 회원국 간의 학적 교류, 공화국 정신이라고 부르는 세속주의를 통한 탈종교화, 이 모든 것이 바로 평등을 실현하기 위한 정책들이다.

프랑스 대학교의 평준화 개념은 가히 놀랄 만하다. 사실 대학교 평준화는 1968년 소위 '학생 혁명'이라고 부르는 범국민 봉기를 통해 쟁취한 것이다. "모든 금지하는 것을 금지한다"라는 자유권리주의를 내세운 학생들의 주장이 승리한 대대적인 사건으로, 부르주아 계층과 프롤레타리아 계층 간의 격차가 극심하고 일부 대학교는 부르주아 계층의 전유물처럼 되어 사회적 균열이 심각해지자 당사자인 학생들이 자발적으로 일어난 혁명이다.

그 결과 프랑스의 모든 대학교들이 평준화되었다. 그때부터 파리 시내 대학교들이 '소르본느' 같은 고유명사가 아닌 1번부터 13번까지 숫자를 매겨 단과대학별로 부르게 되었다. 파리 1대학교, 2대학교, 3대학교, 이런 식이다. 요즘은 다시 각 대학교에 자율성을 부여해서 종합대학교 형식으로 발전하는 추세이긴 하지만, 평준화라는 큰 틀은 벗어나지 않는다.

하지만 프랑스 교육제도의 특성은 여기에 그치지 않는다. 바로 '명품' 엘리트를 육성해내는 대학 위의 대학인 '그랑제꼴' 시스템 때문이다. 프랑스에서 고등학교를 졸업하면 모든 학생들이 동일하게 고등학교 졸업 시험 형식의 시험을 치른다. 이것이 바로 바칼로레아▼다. 바칼로레아의 통과 여부에 따라 대학에 진학할 수 있는 자격이 부여된다. 점수는 상관하지 않는다. 전반적으로 고등학교 졸업 예정자들의 70%가 합격할 정도의 수준에서 바칼로레아의 난이도가 정해진다.

물론 바칼로레아 합격률이 높은 학교 순위가 발표되기 때문에, 프랑스에도 그런 '명문 학교'에 자녀를 입학시키기 위해 이사를 가거나 위장 전입을 하는 학부모들이 간혹 있다.

▼ 흔히 줄임말로 'Bac(박)'이라고 부른다.

바칼로레아를 딴 학생들이 진학하는 형태는 크게 세 가지다. 하나는 일반 대학교, 또 하나는 2년제 직업기술 전문학교 그리고 나머지 하나가 그랑제꼴이다.

프랑스 대학교는 철저하게 졸업 정원제다. 대학 1학년을 마치면서부터 부지기수로 학생들이 잘려나간다. 한 학년에서 다음 학년으로 진급할 수 있는 학생 수를 제한하는 형식이기 때문에 매 학년마다 엄청난 탈락률을 기록한다.

그 때문에 직원 채용 공고에서 지원 자격을 '바칼로레아+몇 년'으로 정한다. 즉 대학에 입학해서 1년, 2년 또는 3년 공부 등의 학력을 요구하는 것이다. 그중에는 상급 학년으로 진학하지 못해 학업을 중단하는 경우도 있고, 막상 대학 공부를 시작해보니 자신의 당초 기대와는 거리가 멀다고 판단되어 학교를 그만두고 직업 전선으로 방향을 돌리는 경우도 많다.

그랑제꼴에 진학하려는 학생들은 대학교 입학과는 전혀 다른 길을 걷는다. 바칼로레아 시험을 마치고 나서 바로 '프레파'▼라고 부르는 그랑제꼴 준비반에 들어간다. 물론 프레파에 들어가기 위해 고난이도의 선발 시험을 치러야 하며, 프레파에서 2~3년 정도 공부한 뒤 그랑제꼴 시험을 치르는 기회는 단 한 번밖에 주어지지 않는다. 본인이 원한다고 그랑제꼴 지원을 위해 재수, 삼수를 할 수 있는 시스템이 아닌 것이다. 그랑제꼴은 크게 인문계, 상경계, 정치행정계, 이공계로 나뉘는데 대부분의 명문 국립 그

▼ CPGE(Classes préparatoires aux grandes écoles). 그랑제꼴 준비반을 말하는데, 그냥 줄여서 관용어처럼 '프레파(Prépa)'라고 부른다.

랑제꼴은 자기들이 원하는 학생들을 선발해 학비나 기숙사비를 전액 지원해주는 것도 모자라 매월 일정액의 생활비를 주면서 학생들을 가르친다. 그리고 이런 그랑제꼴을 졸업하면 각 기관의 중견 관리자급으로 스카웃된다. 물론 명문 그랑제꼴에 합격하는 것은 말 그대로 낙타가 바늘구멍에 들어가는 것보다 더 어렵다.

프랑스가 이렇게 최고 엘리트만을 선별해 국가 비용으로 양성하는 이유는 무엇일까. 바로 이 0.01%가 국가의 미래를 짊어질 소수 정예부대라는 철학 때문이다. 엄격한 선별 과정을 거쳐 추려진 학생들에게 국가가 전적으로 투자를 하는 셈이다.

그랑제꼴은 프랑스가 표방하는 전 국민 평등주의 위에 세워진 공식적인 불평등 제도다. 그랑제꼴이 국가가 투자하는 돈과 노력에 비해 그에 상응하는 결과를 내지 못한다는 비판이 제기되고 있다. 국가 발전에도 그다지 도움을 주지 못하면서 불평등만 야기하는 사회문제의 주범이라는 비난도 끊이지 않는다. 하지만 프랑스가 추구하는 0.01% 최고 엘리트 양성이라는 국가적 비전은 당분간 지속될 것 같다. 교육을 통해 진정한 '명품'을 키워내고자 하기 때문이다.

프랑스인의 자화상,

추억을 파는 벼룩시장

아이들과 함께 보낸 두 번의 프랑스 생활에서 가장 기억에 남는 추억 중의 하나는 바로 벼룩시장 순례다. 흔히 벼룩시장하면 파리 북쪽 근교에 있는 클리냥쿠르 상설 벼룩시장이나 파리 남쪽의 방브 벼룩시장을 떠올리지만, 이곳은 이미 세계적으로 유명한 관광 명소가 되어버려 지나치게 상업화된 느낌이 크다. 대신 나는 아이들과 함께 파리 시내와 근교 위성도시마다 별도로 일 년에 한두 번 날짜를 정해 동네 사람들끼리 한 장소에 모여서 여는 비상설 벼룩시장▼을 애용했다.

이런 벼룩시장에서는 동네 잔치 같은 분위기가 난다. 동네 전체가 북적대기도 하거니와 물건을 팔아 돈을 번다는 생각보다는

▼ 상설 벼룩시장은 보통 '마쉐 오 쀠스(marché aux puces)'라고 부르지만, 이런 비상설 벼룩시장은 '비드 그르니에(vide-grenier)' 즉 '다락 비우기'라고 부른다. 미국의 '가라지 세일(garage sale)'과 같은 개념이지만, 자기 집 차고 앞에서 각자 세일을 하는 것과는 달리, 일정한 공공장소를 정해서 동네 사람들이 자기 물건을 가지고 와서 모두 함께 파는 것이다.

이 기회에 집에서 쓰지 않는 물건들을 정리하고 애지중지 잘 썼던 물건들을 필요로 하는 다른 사람에게 넘겨준다는 개념에 더 가깝다. 팔 물건을 차려놓고는 '엄마, 이거 보세요. 엄마가 예전 제 생일 때 사주셨던 거예요…' 하며 자기들끼리 추억을 더듬느라 정신이 없다. 화기애애하고 들뜬 목소리가 사방에서 들린다.

파리 인근 도시마다 다 특징이 있지만 소위 잘사는 사람들이 모여 사는 동네는 파리 북서쪽에 집중되어 있다. 그런 동네 벼룩시장은 물건의 품질도 좋고, 종류도 다양하다. 나는 벼룩시장이 열리는 스케줄을 미리 파악해서 아이들한테 알려주곤 했다. 부자 동네의 벼룩시장, 언뜻 들으면 상당히 역설적인 개념이다. 이것이 바로 겉으로는 화려해 보이는 프랑스 사람들의 실제 생활 습관을 대변하는 아이러니라고 늘 생각해왔다.

파리에서 손꼽히는 부자들이 모여 사는 동네는 16구다. 바로 그 16구와 불로뉴 숲 하나를 사이에 두고 '뇌이쉬르센'이라는 동네가 인접해 있다. 센 강은 파리 시내를 관통한 뒤 심하게 굽이치면서 북서쪽으로 노르망디 지역까지 계속 이어져 바다로 빠져나간다. 이 굽이치는 센 강 주변으로 '부쥐발', '샤투', '생농라브르테쉬' 같은 작은 도시들이 형성되어 있는데, 이 지역 도시들이 모두 소위 부자 동네에 해당한다. 도시라고 부르기가 쑥스러울 정도로 자그마한 규모여서 오히려 마을이라는 표현이 더 어울리는 이곳은 인상파 화가의 작품 배경으로도 종종 등장한다. 너른 초원에 나지막한 구릉이 어우러져 사계절마다 한 폭의 수채화 같은 풍경을 만들어낸다. 모네나 고흐의 그림에 흔히 등장하는 바로 그런 풍경이다.

도시마다 가장 날씨가 좋은 때를 잡아 벼룩시장을 열다 보니 주로 4~5월이나 9~10월에 집중되기 마련이다. 따사로운 햇볕을 받으며 감상하는 아름다운 풍경은 벼룩시장 순례가 주는 덤이다. 나는 파리 주변 괜찮은 도시에서 열리는 벼룩시장 스케줄을 대사관의 다른 직원들한테도 종종 알려주곤 했다. 골동품에 관심이 많거나 특정한 물건을 수집하는 직원들은 내가 알려주는 정보를 무척 고마워했다.

주로 시청 앞 광장이나 공원 같은 데 벼룩시장이 열린다. 우리는 일찌감치 도착해 시장 가방 카트를 끌고 벼룩시장으로 향한다. 벼룩시장 고수답게 동전이 가득 든 작은 지갑을 허리춤에 걸어 놓는다. 오늘은 과연 어떤 물건들이 있을까? 양쪽으로 두 딸의 손을 잡고 벼룩시장으로 향하는 발걸음은 항상 설렘과 기대로 가득 차 있다.

사교성과 말재주를 타고난 세아는 주변에 볼 것이라고는 새파란 바다와 그 위로 작렬하는 태양 그리고 사방에 늘어선 야자수밖에 없던 튀니지 생활을 마치고 프랑스로 오면서 얼굴이 확 피었다. 유난히 작은 체구에 엄마와 언니를 따라오느라 종종걸음을 하는 게 힘들 만도 한데 단 한 번도 다리가 아프다거나 안아달라거나 하는 일이 없었다.

벌써부터 물건을 고르는 사람들이 보이면 마치 내 물건이 없어지기라도 할 것처럼 초조해하면서 발걸음을 재촉한다. 세린은 책을, 세아는 장난감을, 나는 장식 용품을, 그렇게 우리는 각자

맡은 영역의 물건들을 찾아 바쁘게 눈을 돌린다. 이때 발휘되는 개인기는 바로 눈썰미다. 물론 운도 따라야 한다.

온 가족이 나와서 사용하던 물건을 팔고 그 물건을 흥정하는 사람들로 북적대는 벼룩시장에는 항상 즐거운 기운이 감돈다. 아이들이 물건을 파는 곳에는 반드시 책과 장난감이 있다. 자기가 쓰던 물건을 갖고 나와 판 돈으로 다른 좌판에 가서 원하는 물건을 사는 아이도 있다. '꼬마 니꼴라' 책 시리즈를 한창 수집하던 세린은 좌판 앞에 앉아 물건을 파는 자기 또래 아이에게 연신 그 책이 있냐고 묻는다. '펫샵'이라는 동물 인형 시리즈를 수집하는 세아는 족히 100개도 넘는 캐릭터가 있는데도 어떻게 자기가 이미 가지고 있는 것과 아닌 것을 구분해 내는지 새로 발견하는 동물 인형을 척척 골라 열심히 흥정까지 한다. 아이들 물건이 1~2유로 이상인 경우는 거의 없다. 인심 좋은 사람들은 물건을 사는 아이들에게 열쇠고리나 동전 지갑 같은 작은 물건을 덤으로 얹어주기도 한다. 우리의 시장 가방은 어느새 물건들로 가득하다.

벼룩시장의 또 다른 재미는 먹을거리다. 크레페, 츄로스, 와플, 군밤 등 주로 들고 다니면서 먹기 편한 것들이다. 아이들은 누텔라 잼을 바른 크레페를 하나씩 먹는 것으로 점심을 대신한다. 물건 고르느라 배고픔을 느낄 틈도 사실 없다.

시장 가방에 더 이상 넣을 공간이 없어져야 우리는 아쉬움을 접으며 벼룩시장을 떠난다. 내가 공원에서 조깅을 할 때면 함께 타고 달리는 아이들의 씽씽카도 벼룩시장에서 샀고, 그때 쓰고 나오는 헬멧도 벼룩시장에서 샀다. 물론 우리가 벼룩시장에 갈 때마다 끌고 다니는 시장 가방 카트도 거기서 샀다. 벼룩시장을 다니며 각자가 필요한 물건을 고르고 흥정하고 물건을 파는 사람들과 이야기를 주고받는 동안 우리는 시장 가방에 물건을 채우는 것만큼이나 우리만의 추억을 모으고 있었다.

우리가 벼룩시장을 좋아했던 것은 단지 물건이 싸기 때문만은 분명 아니었다. 그곳에는 우리가 평소 생각지 못했던 프랑스 사람들의 삶의 단면이 담겨 있다. 프랑스 사람들은 물건을 고르는데 무척 꼼꼼하다. 뭐 하나 사려면 정말 말도 많다. 이건 이렇고 저건 저래서 안 되고, 가게 점원하고 대화를 나누는 모양이 꼭 무슨 토론회장에 참석한 사람들 같다.

그렇게 구매한 물건을 소중히 다루는 것도 프랑스 사람들의 특징이다. 동네 벼룩시장은 아이들이 자라서 작아진 옷이나 필요 없어진 책 그리고 갖가지 집 안의 골동품을 가지고 나와 재활용될 수 있는 기회를 만드는 것이다. 각자 개인의 추억이 담긴 물건들을 파는 벼룩시장은 프랑스 사람들의 또 다른 일면을 보여주는 그들의 자화상이다.

우리나라는 환경보호 차원에서 일회용 물건을 쓰지 못하도록 하지만, 프랑스 사람들은 기본적으로 일회용이라는 개념 자체가 싫어서 일회용 물건을 쓰지 않는다. 좋은 물건을 사서 반질반질하게 손때가 묻도록 오래 쓰는 것을 좋아하고, 또 남이 그렇게 아끼면서 썼던 중고품을 사서 쓰는 것을 전혀 꺼려하지 않는다.

프랑스가 전 세계 여자들이 재테크에 활용한다고 할 정도의 가치를 지닌 명품 가방을 만들 수 있는 저력 또한 바로 거기에 있다. 세계적인 명품을 만들어내는 출발점은 내게도 소중하고 남에게도 소중한 물건을 좋아하는 극히 단순한 철학에 뿌리를 두고 있는 것이다.

프랑스 사람들의 소비 철학은 미국 사람들과 비교하면 더욱 극명해진다. 미국은 캐주얼한 파티 문화가 발달했는데, 특별한 격식 없이 모여서 먹고 마시며 노는 파티 때면 프라이드치킨, 피자, 햄버거, 핫도그, 마카로니치즈 같은 기름진 음식과 탄산음료 등 건강에 그다지 도움 되지 않는 메뉴가 즐비하게 차려진다. 이와 더불어 일회용 접시, 포크, 나이프, 컵, 냅킨들이 딱 한 번 사용되고 그대로 쓰레기통에 버려진다. 산더미같이 쌓이는 일회용품을 보면 전 세계 환경오염의 주범이 바로 미국이 아닐까 하는 의심이 들 정도이다. 그 많은 음식들도 반쯤 먹다가 다른 일회용품과 함께 쓰레기통에 들어가버린다. 패트 병, 캔, 플라스틱은 고사하고 음식물 쓰레기까지 모두 한데 버려진다. 분리수거는 정말 먼 남의 나라 이야기 같다.

우리 아이들이 미국 사람들의 이런 소비문화보다는 물건을 소중히 여기는 프랑스의 소비문화를 닮기를 바라는 마음이다.

한국에서의 도전과 애환

모범생 첫째의 굴욕, 59점!

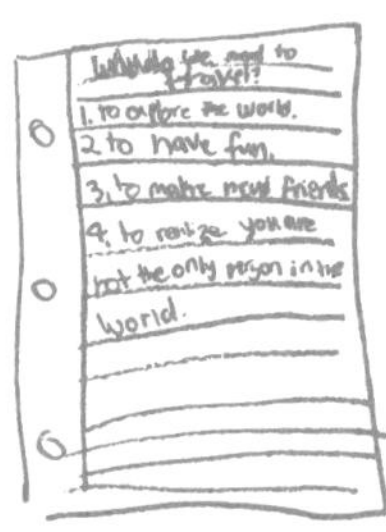

2011년 7월, 이제 3년 반 동안의 프랑스 생활을 정리하고 한국으로 돌아간다. 이 사실을 알게 된 순간부터 아이들한테서는 그동안 보지 못했던 특별한 긴장감이 느껴졌다. 그것은 단순히 지금까지 익숙하게 생활하던 곳을 떠나 또다시 새로운 곳으로 이사를 간다는 데서 오는 그런 종류의 긴장감이 아니었다. 특히 큰애는 무언가 고민이 있는 듯했다.

"엄마, 저 이모 따라서 먼저 한국으로 가면 안 될까요? 가서 이것저것 준비도 하고 공부도 좀 미리 해놓는 게 좋을 것 같아서요."

세린이 주저주저하며 말했다.

여름방학이 되자마자 아이들을 보려고 이모가 왔는데, 이모를 따라 한국에 가겠다는 거였다. 귀임 발령이 나면서 세린은 주변에서 만나는 사람들마다 '이제 서울에 가서 공부하려면 죽어나

겠구나', '한국 아이들은 잠잘 시간도 없이 공부한다', '4당 5락이 뭔지 아느냐', '한국 아이들은 새벽부터 학교에 가고 학교 마치면 바로 학원에 가서 오밤중까지 공부한다', 심지어 '좋은 시절 다 갔다'는 말까지 들으면서 잔뜩 겁을 먹은 것이다.

"엄마, 한국에서는 선행 학습이라는 걸 한대요. 다음 학년에 배울 내용을 미리 공부하는 거라네요. 저는 선행 학습도 안 했는데 어떡하죠?"

어디서 주워들은 이야기인지 모르지만 아이는 '선행 학습'이라는 용어를 분석하며 앞으로 정말 큰일 났구나 하는 생각에 사로잡혀 있었다.

"세린아, 괜찮아. 선행 학습은 꼭 해야 되는 게 아니야. 그냥 미리 공부를 해두면 학교 수업을 따라가는 게 더 편할 것 같으니까 하는 거야. 너무 걱정하지 마."

"왜 다음 학년에 배울 것을 미리 공부하는 거죠? 그럼 학교에서는 뭘 하죠?" 아이의 얼굴은 정말 심각해 보였다.

"아마 좀 더 좋은 성적을 받기 위해서겠지. 선행 학습을 한다고 해도 완전히 다 이해하는 것은 아닐 테니까 학교에서 제대로 배우면 확실하게 잘할 수 있을 거야."

"그럼 학교에서는 복습을 하는 거네요. 좀 이상해요."

아이는 엄마 말을 만신반의하며, 아는 언니한테서 물려받은 중학교 교과서를 들춰보고 있었다. 뭘 알고 보는 건지 그냥 불안감 해소 차원에서 들여다보는 시늉을 하는 건지 알 수 없었지만, 걱정이 가득한 것만은 분명해 보였다.

세린은 파리에 있는 학교에서 나름대로 조금씩 공부하는 재미에 빠져들고 있던 터였다. 공부를 잘하고 못하는 것이 학교생활에서 어떤 차이가 있는지, 선생님한테서 인정을 받는 것과 그렇지 않은 것이 자신에게 어떤 영향을 미치는지 서서히 느끼기 시작했던 것이다.

그렇게 걱정걱정하며 한국에 와서 중학교 1학년에 들어간 세린은 온 지 얼마 되지 않아 2학기 중간고사를 치렀다. 아이는 중간고사 일정이 나온 이후로 이미 긴장과 초조함으로 얼굴이 말이 아니었다. 잠도 통 못 자는지 눈이 퀭한 데다 볼살이 쏙 빠졌다. 세린이 제일 걱정하는 과목은 바로 한문이다. 난생 처음 배우는 한자가 그렇게 쉽게 머리에 들어올 리 만무하다. 연습장에 한 자랍시고 계속 써대는데, 책에 있는 그림을 옮겨 그리는 식이다.

"세린아, 한자는 금방 잘 안될 거야. 시간이 필요하니, 너무 걱정하지 마."

책상머리에 쭈그리고 있는 세린의 뒤통수에 대고 아무리 이야기를 해도 듣는 둥 마는 둥 한자 그리기에 열중할 뿐 미동도 하지 않는다.

중간고사 점수가 나왔다. 그래도 반에서 중간 정도 석차다. 나는 처음 본 시험치곤 괜찮다 싶었지만, 세린은 풀이 죽은 채 화가 잔뜩 난 얼굴이다. 문제는 역시 한문이다, 59점.

"와, 어떻게 절반 이상을 맞췄어? 진짜 신기하다. 비법이 뭐야?"

나는 애써 아이의 기를 살려보려 과장된 제스처를 써가며 농담을 던졌다.

"엄마, 그만하세요, 정말 창피하단 말이에요."

"아니, 창피할 게 뭐가 있니? 국어랑 국사도 80점 이상 맞았는데, 태어나서 처음 배우는 한자를 반 이상 맞췄다는 것이 오히려 이상하지, 안 그래?"

아이는 대꾸도 하지 않는다.

"시간이 필요하다니깐…. 한자 모양이랑 쓰는 거랑 익숙해질 시간이 필요한 거야. 절대 걱정하지 마. 그런데 그건 그렇고 영어 성적은 좀 이상하지 않니?"

세린은 영어 과목도 90점을 넘지 못했다.

"그러게요. 공부할 시간이 없어서 영어는 아예 못했거든요. 제가 쓴 문장을 선생님이 틀린 걸로 채점하셨더라고요. 참 이상해요."

교과서에 나오는 문법과 구문에 맞게 작문을 한 것이 아니라, 자기가 그동안 쓰던 대로 아는 대로 만든 문장에서 감점이 된 것이다.

"프랑스에서는 한국식으로 그렇게 문법을 가르치지 않아서 그런 거지. 교과서를 처음부터 쭉 다시 봐야 할 거야. 기본적으로 선생님이 교과 과정에 맞춰서 가르치는 틀이 있잖아. 그걸 벗어나면 맞다고 하기 어렵지."

여러모로 난감해하는 표정이다.

세린은 애처로울 정도로 공부에 매달렸다. 첫 한문 시험에서

59점이라는 굴욕적인 성적을 받자 사태의 심각성을 실감한 모양이다. 얼마나 스트레스를 받았던지 책상 앞에 앉아 무의식중에 자기 앞머리를 한 가닥씩 뽑아낸 것이 어느 날 보니 이마가 휑해질 정도로 뽑혀 있었다.

"엄마, '광에서 인심난다'는 게 무슨 말이에요?"

"엄마, '현'하고 '도'는 뭐가 달라요?"

"엄마, '누워서 떡먹기'의 의미가 정말 이해가 안 가요. 어떻게 누워서 떡을 먹어요? 잘못하면 숨도 못 쉬고 죽을 텐데…. 엄마는 누워서 떡 잡수실 수 있어요?"

"엄마, '인간힘'이 뭐죠?"

큰애의 각종 '심도 있는' 질문에 웃음을 참으며 답을 해주던 나는 맥이 탁 풀려버렸다.

"세린아, '인간힘'이 아니고 '안간힘'이겠지."

"네? 그런 말도 있어요?"

세린은 국어 중간고사 시험에 나온 '광에서 인심난다'는 문장을 앞에 놓고 도저히 무슨 뜻인지 알 수가 없어, '광'은 '금광' 또는 '탄광'일 거고, '인심'은 '인삼'의 오타일 거라고 생각했다고 한다. 그래서 제 딴에는 머리를 열심히 굴려 광에서 인삼이 나올 수가 없으니, '동문서답' 내지는 '우물에서 숭늉 찾는다' 정도의 뜻으로 해석했다는 것이다. 세린의 설명을 들으며 '동문서답'이라는 말을 알고 있다는 사실 자체가 신기하다고 칭찬해주었다. 아이는 자신의 심각한 상황을 놓고 엄마가 자꾸 웃어넘기려 한다며 속상해했지만, 그렇다고 내가 해줄 수 있는 것도 없었다. 아이를 붙잡고 땅이 꺼져라 한숨을 쉴 수는 없지 않은가.

세린이 새벽녘까지 책상 앞에 앉아 있는 날이 자꾸 늘어만 갔다. 밤에 잠을 못 자면 학교에서도 공부를 제대로 할 수 없으니 제발 잠 좀 자라고 타박을 해도 아이는 대답만 "네!" 할 뿐, 좀처럼 책상을 떠나지 못했다. 그러면서도 한사코 과외 공부는 거부했다. 혼자서 하기 어려운 공부는 과외 수업을 받는 것도 나쁘지 않다고 해도 아이는 자기 방식대로 하겠다며 끝내 고집을 꺾지 않았다.

세린이 택한 공부법은 우둔하기 짝이 없었다. 의미를 일일이 파악해서 이해하다가는 한도 끝도 없겠다고 판단했는지, 아이는 국어나 국사 교과서를 그냥 통째로 외우기 시작했다. 실제로 하나하나 뜻을 물어보면 제대로 아는 게 없는 것 같은데, 시험문제는 제법 많이 맞췄다. 신기할 따름이었다.

그렇게 한심한 방식으로 혼자 끈질기게 공부에 매달린 끝에 세린은 중학교 2학년을 마치는 기말고사에서 당당하게 반 1등, 전교 3등을 기록했다. 실로 경이로운 결과가 아닐 수 없었다. 과외 공부 한 번 해보지 않고 오로지 혼자서 자기 방식대로 안간힘을 써서 만들어낸 결과인 만큼 더욱 대견스러웠다. 무엇보다 큰 성과는 59점에서 전교 3등을 일궈냈다는 자신감이었다.

세린은 한국에서 1년 반을 보내고 2013년 2월 미국으로 떠나면서 자신의 공부법에 대해 나름 유창한 한국말로 이렇게 소회를 밝혔다.

"엄마, 그건 '머릿속에 쑤셔 넣기'였어요. 사전도 찾아보고 선생님한테 질문도 하고 인터넷도 찾아봤지만 뜻이 들어오질 않았어요. 계속 그렇게 하다가는 아무리 시간을 많이 들여도 안 될 것 같았죠. 그래서 그냥 있는 그대로 내 머릿속에 쑤셔 넣자고 결심했어요."

세린은 이 나라 저 나라에서 공부한 중에 가장 어려웠던 것이 바로 한국에서 했던 국어와 국사 공부라고 했다. 한자 기초가 전무한 상태에서 글자와 의미를 연결 짓지 못한 채 그대로 글자만 머릿속에 억지로 집어넣는 참으로 원초적인 공부법을 택할 수밖에 없었던 것이다.

하지만 그렇게 무자비한 공부법으로 1년 반을 버티고 난 세린은 공부에 자신이 생겼다. 어떤 방식으로든 '하면 된다' 그리고 '뿌린 대로 거둔다'는 사실을 몸소 터득한 것이다. 혼자 알아서 해결해보라고 그냥 내버려뒀더니 자신에게 부족한 부분이나 공부 방식 등을 스스로 파악하고 계획을 짜서 공부를 해나가는 지혜가 생겼다.

엄마 따라 이 나라 저 나라를 다니며 몸으로 느끼고 경험한 '미운 오리 새끼' 신세는 어떤 환경에서든 최단시간 내에 상황을 파악하고, 살아남기 위해 빠르게 적응하는 심리적 기술을 터득하게 해주었다. 어차피 다른 방도가 없으니 그것만이 살 길이었다. 그리고 그러한 심리 상태는 곧바로 긴장감으로 이어졌다. 아이들이 본능적으로 지니게 된 이 긴장감, 그것이 긍정적인 엔도르핀으로 작용해주길 바랄 뿐이다.

한국어가 서툰 둘째의 수난

둘째는 한국으로 돌아오기 전부터 긴장하던 언니와는 달랐다. 언니의 근심은 먼 나라 남의 일인 양, 뽀로로의 '언제나 즐거워' 노래처럼 매사 즐거워만 보이는 까불이 세아는 한국에 가면 친구들을 많이 사귈 거라며 좋아했다. 난생 처음 한국에서 학교를 다니게 된 게 꽤나 좋은 모양이었다.

서울에 와서 초등학교 2학년에 들어간 세아가 처음으로 본 시험지를 받아들고 왔다. 틀렸다고 빨간색 색연필로 쭉쭉 그어진 게 거의 대부분이었다. 도대체 무슨 문제인데 이렇게 다 틀렸는지 궁금해 시험지를 살펴봤더니, 세아가 내 옆에 바짝 붙어 앉았다.

"엄마, 이거 보세요, 여기요. 이렇게 쉬운 문제는 왜 내는지 모르겠어요."

아이는 빨간 줄이 길게 그어진 문제를 가리키며 말했다.

"쉬운 문제야? 그런데 왜 틀렸어?"

"이게 왜 틀린 건지 저도 모르겠어요. 엄마가 한번 보세요."

지문을 읽고 '다음 중 거리가 가장 먼 것'을 고르는 평범한 문제였다. 1번부터 4번까지의 보기가 차례대로 적혀 있었다. 보기의 문장이 하나같이 모두 길었다. 둘째가 이 문장을 다 읽고 이해했을 리가 만무했다.

"4번이잖아요, 엄마. 4번이 가장 거리가 멀잖아요. 근데 왜 이런 걸 물어보는 걸까요? 너무 당연한 거 아닌가요?"

처음에는 세아의 말을 알아들을 수가 없었다. 문제로부터 물리적으로 가장 멀리 떨어져 있는 보기는 당연히 4번이 아니냐는 설명을 듣고서야 그냥 빵 터져버렸다. 정말로 의아해하는 아이의 얼굴을 보며 얼마나 크게 웃었는지, 아이한테 미안한 생각이 들 정도였다.

"엄마, 이건 재미있는 문제가 아니에요. 왜 그렇게 웃으세요, 하나도 재미없는데…."

난 말문이 막혀버렸다. 우스운 것은 둘째로 치고 갑자기 난감해졌다. 이거 생각보다 사태가 심각하다는 생각에서였다. 그렇다고 난생 처음 한국어로 공부를 하는데 하루아침에 해결될 문제도 아니었다.

세린은 첫 프랑스 근무 때 이모가 서울에서 원정을 와서 한글을 가르쳐준 덕분에 유치원 때 이미 한글을 익혔고, 서울에서 유치원 1년, 초등학교 1학년을 다녔기 때문에 그래도 제법 한국말을 할 줄 알았다. 하지만 세아는 사정이 좀 달랐다. 파리에서 태어나 6개월도 안 되어 서울에 왔고, 튀니지로 가서 튀니지 아이들과 함께 유치원을 다니다가 파리로 다시 와서 프랑스 유치원을 거쳐 초등학교에 입학했다. 그 무렵 파리에서 1주일에 한 번, 수요일 오후에만 있는 한글학교에서 한글을 처음 배웠다. 정식으로 한국어 교육을 받아본 적이 전혀 없다. 그렇게 배운 한글 실력을 가지고 서울에 와서 곧바로 실전에 투입된 것이다. 수영장에서 튜브 타고 팔 젓는 시늉만 하다가 맨몸으로 풍덩 바다에 빠진 격이었다.

어느 날 저녁 세아는 오늘 학교에서 연극을 했다며 학교에서 일어난 일을 소상하게 털어놓았다.

"국어책에 나오는 내용을 연극하는 것처럼 말을 만들어서 각자 자기 짝하고 연극을 해보라고 했어요. 그런데 선생님께서 내가 연극하는 것처럼 말을 잘 만들지 못할 거라고 하시면서 내 짝한테 도와주라고 하셨어요. 그래서 제가 선생님한테 '저 혼자서도 할 수 있어요' 하고 말했어요. 그런데도 선생님이 제 말을 안 믿으시는 거예요. 너무 속상해서 울었어요. 엄마 저 울었는데 괜찮죠? 나중에 좀 창피한 생각이 들긴 했는데요, 그래도 선생님이 내 짝한테 도와주라고 하신 것보다는 나았어요."

아이는 나름대로 조리 있게 자신의 심리 상태를 설명했다. 사실 선생님 입장에서야 정해진 시간에 맞춰 수업을 진행해야 하니, 우리 애가 혼자 해낼 때까지 무작정 기다려줄 수는 없는 노릇이었다. 하지만 아이는 친구한테 도움을 받아야 하는 학생으로 취급당한 것이 너무 속상했던 것이다. 그것도 같은 반 친구들이 모두 있는 자리에서 '열등한' 아이로 낙인찍히는 것에 몹시 자존심이 상한 듯했다.

세아는 난생 처음 한국 학교를 다니게 되면서 나름대로 기대가 컸었다. 그런데 같은 반 친구들이 세아의 한국말 발음이 이상하다며 종종 놀리는 모양이었다. 같은 아파트 단지에 사는 세아네 반 친구가 우리 아이를 놀리면서 지나가는 걸 이따금씩 보며 알게 된 사실이다. '미운 오리 새끼' 신세는 외국에서만이 아니라 한국에서도 계속되고 있었던 것이다.

아이들이 한국말을 자연스럽게 익히는 데 지장을 주는 것은 한국어와 외국어의 관용적인 표현의 차이였다.

"얘들아, 밥 먹자. 다들 어서 와!" 하고 부르면 어김없이 아이들은 이렇게 대답했다.

"네 엄마, 와요!"

'네, 가요'가 아니라 '네, 와요'로 대답하는 아이들. 영어든 프랑스어든 둘 다 'I'm coming'이라고 말하는 구문 때문이다. 이런 상황은 종종 만들어졌다.

"세린아, 너 밥 안 먹니?"

"아뇨."

아이의 이 대답이 밥을 먹는다는 것인지 안 먹는다는 것인지 해석이 필요했다. 영어나 프랑스에서 부정문으로 질문했을 때 그 질문에 긍정으로 답하면 한다는 것이고 부정으로 답하면 안 하는 것이다. 하지만 우리말의 경우는 반대다. '밥 안 먹니' 하고 물었을 때 밥을 안 먹을 거면 '네'로 대답해야 한다. 일상적인 대화를 주고받는 데에도 고민을 해야 하는 상황이 학교에서도 수시로 연출될 테니 참으로 딱한 노릇이었다.

한여름에 한국으로 귀임하여 집 정리도 어느 정도 마치고 더위도 한풀 꺾여 가을로 접어들던 어느 날이었다. 한국어로 대화를 나누는 게 여전히 쉽지 않아 보이는 세아에게 나는 무심코 프랑스어로 한마디를 던졌다. 그러자 세아가 정색을 하며 말했다.

"엄마, 여기는 한국이에요. 한국에서는 한국말을 써야 돼요. 엄마도 이제 프랑스 말 쓰지 마세요!"

아이의 결연한 의지가 담긴 이 말 한마디가 참으로 신기했다. 예전에 세린이 프랑스에서 서울로 돌아와 유치원에 다닐 때 똑같은 말을 내게 했던 것이 생각나서였다. 나름대로의 철학과 소신이 담긴 이 말 한마디에 그동안 엄마 따라 외국에서 지내온 아이들의 애환이 고스란히 녹아 있는 것 같았다. 아이들은 사는 곳을 옮길 때마다 매번 그렇게 자신의 '과거'와 하루빨리 '단절'하고 새 출발을 하기 위해 애쓰고 있었다.

경주의 역사 유적지를 답사하다

세린이 가장 힘들어한 과목은 단연 국사다. 한문이야 한 번도 배운 적이 없으니 기대 수준 자체를 낮춰 처음부터 차근차근 배워 나가면 된다지만, 국사는 상황이 좀 다르다. 다른 학생들은 어려서부터 TV 드라마나 영화, 책 등을 통해 역사의 큰 흐름과 역사적 인물, 각 시대별 문화재 등에 익숙하고 기본적인 배경지식을 갖추었다면, 해외에서 대부분의 시간을 보낸 우리 아이들은 모든 것이 새롭고 그저 막막하기만 하다. 바다 구경 한 번 못 해본 아이가 수평선에서 떠오르는 일출과 파도, 해안선, 모래사장 등의 개념을 말로만 익히려는 것과도 같았다.

어떻게 하면 아이들이 국사를 덜 생경하게 느낄 수 있을까 고민하다가 아무래도 역사의 발자취를 직접 보는 것이 좋겠다는 생각이 들었다. 한국에 온 지도 1년이 거의 다 되어갈 무렵, 아이들의 여름방학에 맞춰 휴가를 내서 경주로 향했다. 서울에서 아이들에게 보여줄 수 있는 역사 유적은 아무래도 한계가 있는 데다, 보다 오랜 역사의 흔적을 느끼게 해줄 필요가 있어 보였다. 아이들이 교과서에서 배우는 국사라는 것을 실제 문화유산을 통해 가시화할 수 있기를 바랐다.

경주로 향하는 아이들의 눈은 유난히 호기심에 가득 차 있었다. 그냥 여행이 아니라 과거를 발견하기 위해 떠나는 현장학습인 셈이니, 자기들도 뭔가를 제대로 보고 배워야 한다는 사명감을 느끼는 듯했다.

경주 유적지를 돌아보는 동안 세린은 자기가 국사 시간에 배운 삼국시대와 통일신라시대 역사에 대해 동생한테 친절하게 가르쳐주었다. 그 사이에 제법 아는 게 많아졌다 싶었다. 첨성대, 포석정을 둘러보고 천마총으로 갔다. 세린은 안내문을 빠짐없이 꼼꼼하게 읽으며, 학교에서 배운 고유명사와 역사적 배경을 접할 때마다 무척 신나했다.

세아가 가장 좋아했던 곳은 안압지였다. 예전에 한가운데 작은 섬이 있는 호수에 가본 적이 있는데 그곳도 안압지처럼 색깔별로 다양한 물고기들이 가득 있었다고 했다. 옛날에 왕들은 이렇게 생긴 곳을 좋아했나 보다며 해석까지 곁들였다. 아이들과 너른 안압지를 한 바퀴 돌며 사진을 찍고, 나무 그늘에 앉아 천마총 옆에 있던 빵집에서 사온 '원조 경주 찰보리빵'을 먹었다.

경주 투어의 마지막 코스는 석굴암과 불국사였다. 연애 시절 남편과 함께 경주 토함산에 다녀가며 잠시 들렀던 기억이 났다. 석굴암까지 가는 산길은 많은 사람들로 붐볐다. 아이들은 석굴암을 무척 인상 깊어했다. 석굴암이 얼마나 정교하고 과학적으로 설계된 문화재인지 그리고 일제에 의해 석굴암이 완전 해체되고 잘못 복원됨으로써 보존에 문제가 생겼다는 설명을 들으면서, 아이들은 일본의 행동에 분통을 터뜨렸다.

불국사 다보탑과 석가탑까지 속속들이 돌아보고 약수터에서 약수까지 한 바가지씩 들이켜고, 신라시대 유적과 역사를 눈과 가슴에 한가득 안고 경주를 떠났다.

경주를 떠난 다음 날, 지리산 자락을 이리저리 돌아다니던 우리는 호젓한 길가에 '산채정식 : 첫 집'이라는 푯말을 발견했다. 식당은 입구에서 한참 올라가 고즈넉한 산 중턱에 자리 잡고 있었다. 하늘이 시커멓게 변하고 비가 후두둑 떨어지기 시작했다.

점심때가 훌쩍 지난 시간이어서인지 식당에는 손님이 거의 없었다. 큰상 하나 가득 음식이 차려졌다.

"우와! 이걸 다 먹는 거예요? 진짜 많다. 하나, 둘, 셋…."

세아는 음식이 담긴 접시 숫자를 세기 시작했다. 조금 후에 맛보라며 인삼주를 가지고 온 주인아저씨가 세아한테 나물과 밑반찬 이름을 일일이 가르쳐주었다. 세아는 열심히 반응하며 아저씨와 대화를 나누었다.

"이런 음식을 옛날에 신라 사람들도 먹었을까요?"

뚱딴지 같은 꼬마의 질문에 아저씨는 어리둥절한 표정을 지었지만, 이내 이렇게 답했다.

"이 음식은 한국 사람이 이 땅에 살기 시작하면서 항상 먹었던 거야. 그래서 역사도 깊고 그런 만큼 건강에도 아주 좋은 음식이지. 너 여기 있는 나물 다 먹으면 키 엄청 클 거야. 피부도 좋아질 거고."

아이의 젓가락질이 갑자기 속도를 내기 시작했다.

그때 갑자기 식당 벽면 하나를 가득 채운 너른 창문 밖으로 굵은 빗줄기가 정신없이 쏟아져 내리기 시작했다. 앞에 보이던 지리산 자락은 비구름과 물안개에 가려 보이지 않았다. 탁 트인 들판은 거센 빗줄기로 가득 찼다. 식당 처마 밑으로 물이 철철철 소리를 내며 쏟아졌다.

"와, 엄마, 들판 위로 비가 쏟아지는 거 보이죠? 진짜 멋있어요. 엄마, 한국어로는 이렇게 비가 세게 내리는 것을 뭐라고 표현하죠? 왜 영어로는 'It rains cats and dogs'라고 하고 프랑스어로는 'Il pleut des cordes'라고 하잖아요. 둘 다 엄청 시끄럽게 쏟아진다는 건데, 한국어로는 뭐라고 해요?"

열심히 이런저런 나물을 살펴가며 먹던 세아가 물었다. 나름 비유를 섞어가며 공을 들인 제법 그럴싸한 질문이었다.

"한국어로는 억수같이 내린다고 하지. 억수라는 게 무척 거세게 내리는 비라는 뜻이야. 네가 방금 전에 말한 프랑스어 표현은 우리말로 하면 장대비라고 해."

"아, 억수 같다는 말 들어봤어요. '니 억수로 이쁘데이~' 지난번에 '개콘'에서 누가 흉내 내는 거 봤어요. 그거구나!"

억수같이 비가 내리는 지리산 자락에서 아늑한 산채정식 식당에 오붓하게 식구들끼리 앉아 거세게 내리는 비에 대한 영어, 프랑스어, 한국어 표현을 비교하는 특이한 대화가 어쩌면 우리 가족의 색깔일지도 모른다는 생각이 들었다.

시간이 흘러 그 옛날 식구들끼리 함께 왔던 그 기억을 찾아 경주를 다시 방문하게 될지도 모른다. 경주는 아이들에게 어린 시절 추억을 담은 가족 여행으로 그리고 자기들이 그리워하는 한국의 한 부분으로 기억될 것이다.

chapter. 2

훌쩍 커버린 아이들, 엄마는 살짝 도울 뿐

혼란 없는 언어의 방

언어, 스스로 익히고 스스로 지우고

떠돌이 외교관 엄마를 둔 덕분에 우리 아이들의 인생 여정은 참으로 복잡하기 그지없다. 언어 여정 역시 그렇다. 한국에서 1년 반을 보내며 이제 '꿩 먹고 알 먹기' 같은 속담이나 '낙동강 오리알' 같은 표현에도 제법 익숙해질 무렵, 또다시 짐을 싸고 미국 애틀랜타로 날아가야 하니 말이다. 2013년 2월 미국, 이제부터는 영어다!

돌아보면 세린의 언어 여정은 프랑스어에서부터 시작됐다. 두 돌 반이 되었을 때 프랑스 유치원에서 생애 최초의 학업을 시작했다. 제대로 한국어를 구사하기 전에 프랑스어를 몸으로 부딪쳐 배운 것이다. 프랑스 유치원에서는 감성 교육과 사회성 교육만 한다는 원칙 때문에 글을 가르치지 않는다. 세린은 오로지 듣고 보고 따라하고 놀고 어울리며 말 그대로 프랑스어를 몸소 '체득'했다.

그리고 다섯 살쯤 되던 방학 때, 서울에서 온 이모한테서 한글을 처음 배웠다. 집에서는 꼭 한국말로 대화했지만, 글자를 배운 것은 처음이었다. 이모한테 한글을 배우면서 읽고 쓰는 법을 알게 되더니 어느 순간엔가 프랑스어도 글로 쓰기 시작했다. 말을 글로 옮길 수 있다는 사실을 터득한 것이다.

어느 날 저녁이었다. 식사 준비를 하다가 아이가 하도 조용해서 무슨 일인가 싶어 아이 방에 들어가 보니 혼자 책상 앞에 앉아서 뭔가 끄적이고 있었다. 노트에 SADRY, LEA, PAUL, CLEMENT, AMANDINE… 20명 정도 되는 아이들의 이름을 쭉 나열해놓고 있었다. 언제 이 많은 이름을 다 적었는지 놀라웠다.

"세린아, 이게 뭐야? 친구들 이름 같은데?"

"응."

짧은 한마디로 엄마의 질문에 긍정으로 대답할 뿐 일절 부가 설명이 없다.

"한번 읽어볼래?"

"사드리, 레아, 폴, 클레망, 아망딘…."

아이는 자기가 써놓은 이름들을 신나게 소리 내어 읽었다. 셀린, 자기 이름은 거의 끝 부분에 있었다.

아이가 어떻게 이 이름들을 모두 정확하게 쓸 수 있는지가 궁금했다.

"유치원에서 이름 쓰는 거 배웠어?"

"아니."

"그런데 정말 잘 썼네. 혼자 배운 거야?"

아이는 한참을 가만히 있더니 말문을 열었다.

"지난번에 이모가 알파벳 가르쳐줬어. 이모가 사준 책 맨 앞에 알파벳이 있어서, 내가 가르쳐달라고 했어."

순간 양심의 가책이 느껴졌다. 유치원에서 글쓰기를 가르치지 않는다기에 내심 '옳다 잘됐다' 싶었다. 아이에게 아무 것도 가르치지 않는 엄마의 '당당한 게으름'을 정당화하고 있었는데, 어느새 이모가 선수를 친 것이다. 그러고 보니, 아이 이모가 서울에서 이것저것 한 보따리 사온 책들 중에 표지 바로 뒷장에 알파벳이 나와 있는 그림책이 있었던 게 생각났다.

아이는 알파벳과 발음을 연결해 단어를 형상화하는 방법을 혼자 터득한 듯했다. 소리 나는 대로, 즉 자신이 듣고 말하는 그대로 알파벳으로 옮긴 것이다. '아이들은 바로 이런 방식으로 말을 터득하고 글을 배우는구나' 하는 생각이 들었다.

프랑스에서 유치원 3년을 다니고 한국으로 온 세린은 한국 유치원에 들어갔다. 한국말에 서서히 익숙해지면서 아이는 프랑스말 하는 것을 완강히 거부했다. 또래 아이들에 비해 한국말이 서툰 아이 나름대로의 생존 전략인 것이다.

세린은 유치원을 1년 다닌 뒤 초등학교에 입학했다. 그리고 거짓말처럼 프랑스어를 새까맣게 잊어버렸다. 그야말로 뇌가 프랑스어에 대한 기억을 지우개로 완전히 지워버린 듯했다. 나는 아이가 프랑스어를 완전히 잊어버린 건 아닐 거라고, 그저 잠재의식 속에 가라앉은 것이라고 스스로 위로했지만, 아이는 프랑스어 자체를 고스란히 잊어버렸다. 그나마 딱 한 가지 남아 있는 것은 발음이었다. 내가 프랑스 말을 따라 해보라고 시키면 예전에 가지고 있던 정확한 프랑스어 발음이 그대로 나왔다. 하지만 프랑스어는 스스로 한마디도 하지 못했다. 어려서 체득한 프랑스어를 그대로 잊어버리는 것이 나로서는 안타깝지만 다른 방도가 없었다. 세린은 한국에서는 한국어만 쓰고 싶어 했다. 같은 반 친구들한테서 '프랑스 어쩌구' 하는 식의 놀림을 받거나 프랑스 관련해서 눈에 띄고 싶어 하지 않았다. 아이의 결연한 의지 앞에서 어떻게 할 도리가 없었다.

영어-프랑스어-한국어, 트라이링구얼

한국에서 초등학교 1학년을 마치던 2006년 2월, 세린은 또다시 보따리를 꾸려 엄마 따라 튀니지로 왔다. 자기가 처음 프랑스로 떠날 때와 비슷한 나이의 동생과 함께.

튀니지는 프랑스어권 국가인 데다 어차피 앞으로도 프랑스어권에서 생활할 일이 많을 것이라는 판단에서 나는 아이들을 프랑스 학교에 입학시킬 작정이었다. 프랑스 학교의 입학 허가를 받기 위해서 세린은 언어 테스트를 통과해야 했다. 튀니지로 떠나기 전 서울에서 세린한테 프랑스어 공부를 조금이라도 시켜야겠다는 생각에서 간단한 프랑스어 문장을 가르쳤다. 그리고 이름과 나이, 출생지, 좋아하는 음식, 이런 간단한 질문에 대한 대답을 가르쳤다.

튀니지에 있는 프랑스 학교에 가서 테스트를 받았는데 아이는 거의 대답하지 못했다. 나는 담당 교사한테 상황을 설명하고 아이가 금방 프랑스어를 익힐 수 있을 거라고 장담했지만, 다음 날 프랑스 학교는 입학이 어렵다고 통보해왔다.

하는 수 없이 미국 학교로 방향을 돌렸다. 그런데 미국 학교의 반응은 전혀 달랐다. 내게 아이에 관해 몇 가지 질문만 할 뿐 언어 테스트 자체가 아예 없었다. 우리 애는 지금까지 영어를 한 번도 해보지 않았는데 괜찮겠느냐고 묻는 나한테 "그야 당연하죠, 걱정 마세요. 아이들은 어른들이 생각하는 것보다 훨씬 큰 적응력을 가지고 있습니다"라고 하면서 오히려 나를 안심시키는 것이었다. 뭐든 심각하고 논리적이고 따지기 좋아하는 프랑스인과 가볍고 껄렁껄렁해 보이면서도 매사 긍정적인 미국인이 가지고 있는 기본적인 국민성의 차이인 듯했다.

세린이 미국 학교에 입학한 지 며칠이 지나 프랑스 학교에서 전화가 왔다. 아이를 입학시키기로 결정했다는 것이다. 나는 이미 미국 학교에 입학해 학교를 다니고 있다며 쌀쌀맞게 전화를 끊었다. 프랑스에 대한 애착이 나름대로 많은 나로서는 실망이 클 수밖에 없었다.

어찌 되었건 프랑스 학교로부터 입학을 거절당한 덕분에 아이는 일찌감치 영어를 배우게 되었다. 미국 학교에서는 세린이 영어를 한마디도 못한다는 점을 감안해 한국 아이가 있는 반에 배치해주었다. KOICA 개발도상국 지원 사업의 일환으로 튀니지에 파견되어 튀니지 태권도 국가대표팀 감독을 맡고 있던 사범의 막내아들이었다. 학교 측은 아이가 익숙해질 때까지 학교생활에 필수적인 것들을 이 친구를 통해 한국말로 전달받도록 배려한 것이다.

하지만 이런 도움은 그리 오래 필요하지 않았다. 서너 달 남짓 지난 어느 날 학교 행사에 참석했다가 우연히 아이 교실에 들렀는데, 재미난 광경을 목격했다. 이 아이 둘이 영어로 수다를 떨며 놀고 있는 것이었다. 집에서는 언제나 뚱한 표정으로 말도 별로 없던 세린이 한국 남자아이와 신나게 수다를 떨어대는 모습은 참으로 믿기 어려운 광경이었다. 그것도 배운 지 얼마 되지 않은 영어로 말이다.

여름방학 두 달 동안 나는 세린을 튀니지에 있는 '알리앙스 프랑세즈' 어학원에 보냈다. 아무래도 더 늦기 전에 프랑스어 기초 문법을 다져놓는 것이 필요하다는 판단에서다. 미국 학교에 몇 달 다니는 동안 세린은 그나마 조금 익혔던 프랑스어도 아예 잊어버린 듯했다. 게다가 동생 세아는 프랑스 유치원을 다니면서 자주 프랑스어로 지껄이기 시작했다. 집에서 만화영화 DVD라도 볼라치면 한 녀석은 영어로 틀어라 다른 한 녀석은 프랑스어로 틀어라 분쟁이 심했던 터라 공통의 언어가 필요하다는 생각도 컸다. 부모와 함께 있을 때는 한국어로 대화하면서도 자기들끼리 있을 때는 희한하게 영어와 프랑스어가 마구 오갔다. 영어는 한마디도 못하는 둘째로서는 언니가 던지는 영어 몇 마디를 거의 자신에 대한 도발로 여기는 듯했다.

워낙 반응 없는 아이답게 세린은 프랑스어에 대해서도 그저 시큰둥했다. 하지만 최소한 동생이 하는 프랑스 말에 간단하게라도 대꾸를 하고 공감대를 유지하도록 한다는 내 소기의 목적은 달성한 듯했다. 한 학기가 지나 세린이 영어에 익숙해지자 학교에서도 프랑스어 수업을 들을 수 있었다. 방학 동안 기초적인 프랑스어를 익혔고 일주일에 한두 시간씩 학교에서 프랑스어 수업을 따라가다 보니 세린의 프랑스어 탈환은 조금씩 순조롭게 이루어졌다.

튀니지에서 정확히 2년 1개월을 보내고 다시 짐을 꾸려 프랑스로 부임했다. 프랑스에는 두 번째 부임이라 다들 익숙하기도 하거니와 집과 학교 그리고 더위를 식히기 위해 찾는 수영장이 일상생활의 거의 전부였던 튀니지를 떠나 눈이 휘둥그레질 정도로 다채로운 파리로의 귀환을 아이들은 무척 즐거워했다.

세린은 시내 대사관 근처에 있는 프랑스어·영어 바이링구얼 초등학교에, 세아는 집 근처에 있는 프랑스 일반 유치원에 배정받아 입학했다. 두 아이의 공통어는 한국어와 프랑스어로 굳혀졌다. 세린은 여전히 영어가 편해 보였지만 곧 프랑스어에 익숙해졌다. 학교에서 말고는 영어를 거의 접할 수 없으니 당연한 일이었다.

튀니지에서 프랑스어를 배운 세아는 언어에 전혀 불편이 없는 프랑스에 오더니 모든 면에서 일취월장했다. 그림이라고는 항상 파란색 크레파스 딱 하나만 들고 도화지에 찍찍 울퉁불퉁 선을 긋고는 그게 무슨 그림이냐고 물으면 언제나 "바다!" 딱 한마디를 과감하게 던지던 세아였는데, 프랑스 유치원에서 단체로 루브르 박물관, 오르세 미술관 등을 두루두루 다니더니 어느새 사람의 옆모습과 묶은 머리, 세밀한 다섯 손가락까지 묘사하는 수준으로 발전했다. 사실 튀니지에서 본 거라곤 이글거리는 태양 아래 부서지는 바다밖에 없었으니 그 이외의 그림 소재를 떠올리기가 쉽지 않을 법도 하다.

타고난 수다쟁이인 세아는 수다쟁이들의 천국인 프랑스에 오자 물 만난 물고기처럼 수다가 작렬하기 시작했다. 오물오물 끊임없이 이야기하는 조막만 한 동양 아이에게 프랑스 사람들은 많은 관심을 보였고, 아이는 그 관심을 이용해 세탁소, 마트, 식당, 치과, 어디든 가는 곳마다 네트워크를 형성해갔다. 세아 덕분에 뭔가를 얻어먹는 일도 많았다.

유치원을 졸업한 세아는 언니와 같은 초등학교에 입학했다. 영어 한마디 모르고 학교생활을 시작했지만 세아가 영어로 수다를 떠는 데는 불과 두어 달도 채 걸리지 않았다. 언니 반 친구들을 모두 자기 친구로 접수해버렸고, 다섯 살이나 위인 세린의 친구들은 이 수다쟁이 땅꼬마를 안아주고 업어주며 귀여워했다.

그렇게 세린과 세아 모두 프랑스어, 영어, 한국어를 구사하는 '트라이링구얼'로 자리 잡았다. 물론 아이들의 한국어는 초보적인 수준이었다. 특히 세아는 한국어 하는 것을 힘들어했다. 엄마와 대화할 때는 자꾸 프랑스어가 먼저 튀어나왔다. 집에서는 한국어로 소통한다는 원칙을 지켰지만 정신없이 이 얘기 저 얘기를 하다 보면 세 가지 언어가 마구 뒤섞이는 일도 많았다.

아이들 머릿속, 유연한 언어의 방

튀니지에서 2년 그리고 프랑스에서 3년 반을 보낸 우리는 5년 반 만에 다시 한국으로 돌아왔다. 세린은 중학교 1학년, 세아는 초등학교 2학년에 들어갔다.

세아의 어눌한 한국어 발음이 약간 문제였지만 타고난 수다 근성 덕분에 삽시간에 '개그 콘서트'를 흉내 내는 수준으로 발전했다. 주말이면 외할머니 댁에 가서 이것저것 맛있는 음식을 섭렵하고, 초스피드 배달 문화를 찬양하기 시작했다. 중학생 언니가 학교 공부로 끙끙대는 동안 세아는 엄마랑 찜질방에 드러누워 옆에 누운 아줌마들과 이야기꽃을 피우곤 했다. 남녀노소, 동서양을 넘나드는 세아의 수다에 나는 늘 감탄을 금치 못했다.

대신 세아도 세린 때와 마찬가지로 프랑스어를 까먹었다. 물론 첫째와는 달리 프랑스에서 초등학교를 1년 다니다 온 덕분에 새까맣게 까먹은 정도는 아니었지만, 한국에서는 절대 프랑스어를 쓰지 말아달라고 엄마한테 당부하는 건 똑같았다.

세린은 한국 중학교에서 제2외국어로 일본어를 배웠다. 나는 중국어를 배우길 바랐지만 어쩔 수 없었다. 일본어를 배우는 세린을 지켜보면서 아이들이 새로운 언어를 배우는 데 아무런 두려움이 없다는 사실을 깨달았다. 그냥 배우면 된다는 생각으로 임하는 것이다.

아이들은 새로운 언어를 배우면 머릿속에 그 언어의 방을 만들어나가는 것 같다. 방은 얼마든지 여러 개 만들 수 있다. 한 개의 방이 만들어진 후 그 옆에 새로운 방을 만들어야 할 때는 두 방 사이에 가벽 세우는 것을 잊지 않는다. 서로의 방이 섞이지 않도록 말이다. 방의 크기가 다를 수는 있다. 그것은 부모나 형제가 함께 쓰는 언어, 친구들과 어울려 노는 언어, 가장 많은 시간 동안 접하는 언어, 여러 요건이 작용한다. 스스로 방의 크기를 조절할 수도 있다. 그래서 견고한 벽이 아닌 가벽을 세우는 것이다. 나이가 어릴수록 이 가벽에 작은 구멍이 뚫려 이따금씩 언어들이 빠져나가 다른 방으로 들어가기도 한다. 커가면서 구멍은 점차 사라지고 방들 사이 가벽도 단단해진다. 방들이 마구 뒤엉키는 혼란이 일어나지는 않을까 하는 의문은 튼튼하게 한 개의 방만을 만들어둔 기성세대의 염려일 뿐이다. 아이들은 방 정리를 얼마든지 스스로 할 수 있다.

아이들은 각각의 방에다 가구도 들여놓고 멋지게 인테리어도 하며 업그레이드해나간다. 각 언어의 특성에 따라 방의 모습도 다르다. 화려하게 꾸며놓은 방이 있는가 하면 그저 수수하고 기능적인 방도 있다. 그다지 공을 들이지 않아 별 볼 일 없이 방치된 방도 있다. 외부와의 접촉 여하에 따라 큰 방이 되었다가 골방이 되기도 한다. 모든 방들을 멋지게 꾸미고 가꾸기 위해서는 그만큼의 시간과 노력이 투자되어야 한다.

많은 나라들이 인접해 있고 역사적으로도 복잡하게 얽힌 유럽에서는 엄마와 아빠가 서로 다른 언어를 쓰는 가정을 흔하게 접할 수 있다. 프랑스의 경우는 독일-프랑스 커플이 무척 많다. 그런 집안의 아이들도 갓난아이 때는 자기의 생존에 가장 큰 영향을 미치는 사람의 언어를 제일 먼저 배운다. 물론 엄마의 언어인 경우가 많다. 그리고 아빠의 언어에 대해서도 친숙해진다. 바이링구얼 가정에서 자란 아이도 큰 방과 작은 방이 구분되는 것이다. 여러 언어에 대한 접촉이 많을수록 방을 만들 가능성은 당연히 커진다. 동시에, 자로 잰 듯 똑같은 크기의 방이 만들어지지는 않는다.

어느 정도 커서 외국어로 스페인어를 배운 세린은 스페인어가 프랑스어와 많이 비슷해서 배우기가 쉬웠다고 한다. 일본어는 한국어와 어순이 닮아 또 그렇게 힘들지 않았다고 한다. 중요한 것은 아이들이 새로운 언어를 배우는 것을 두려워하거나 주저하지 않도록 최대한 자연스럽게 언어와 접촉하게 해주는 것이다. 강압에 의해서 혹은 아이의 지적 능력을 부모의 잣대로 시험해가면서 아이에게 두려움을 유발해서는 안 된다.

조급해 할 필요는 없는 것 같다. 아이들은 우리가 생각하는 것보다 훨씬 영리하다. 그리고 유연한 사고를 지니고 있다. 아이들이 흥미를 가지고 외국어에 대해 호기심을 보이는 시기가 될 때까지 기다리는 것이 중요하다. 언어의 방은 부모가 조급해하고 닦달한다고 만들어지는 것은 아니기 때문이다.

딸에게

스페인어를 권하다

외교부에 입부한 지 석 달 남짓한 1998년 2월, 김대중 대통령의 취임식이 열렸다. 민주 투사로서의 김 대통령의 명성이 외국에서 워낙 높았기 때문에 취임 축하를 위해 각국의 특사 자격으로 참석한 외빈들이 무척 많았다. 외교부는 모든 외빈 접견을 맡아 치밀한 의전 계획을 세워 취임식을 진행했다. 각 부서별, 직원별로 업무 분장을 하고, 의전 팀에서 짜는 스케줄에 맞춰 일사분란하게 움직였다. 내게 주어진 업무는 프랑스 대표의 전 일정을 수행하고 김 대통령과의 면담 때 통역을 하는 일이었다. 외교관 초년생의 첫 데뷔 무대라고 하기에는 너무 막중한 임무였다.

프랑스 정부는 피에르 모루아 전 총리를 취임식 특사로 파견했다. 모루아 총리는 미테랑 대통령의 초대 총리를 지낸 원로 정치인으로 명실공히 사회당의 정신적 지주인 거물이었다. 모루아 총리의 방한 일정은 무척 빡빡했다. 대통령 취임식과 청와대에서의 개별 면담, 총리급 이상 VIP 외빈들과의 단체 환담 같은 주요 공식 일정 이외에도 한국에 있는 프랑스 동포들과의 리셉션, 자국 기업인 면담 등으로 일정이 빼곡했다. 이 모든 일정에 동행하면서 나는 모루아 총리와 많은 대화를 나눌 기회가 있었다. 외교관으로서 프랑스어를 잘하는 것은 참으로 많은 이점이 있을 거라면서 나를 격려하더니 자기가 조언을 하나 해도 되겠느냐고 물었다.

내가 기꺼이 그리고 감사하게 조언을 듣겠다고 하자, 모루아 총리는 이렇게 말했다.

"지금은 영어가 세계 공용어지요. 언어는 역사와 같아요. 세력이 자꾸만 바뀌지요. 예전에 프랑스어가 얼마나 위세를 떨쳤는지 아시죠? 영어에 밀려 과거의 영광이 되어버린 것이 불과 몇십 년 전의 일입니다. 프랑스 사람들은 아직도 과거의 영광을 잊지 못하고 있어요. 영어도 지금과 같은 위세가 영원히 계속될 거라고 생각해서는 큰 오산입니다. 더 늦기 전에 꼭 스페인어를 배워두세요. 얼마 지나지 않아 스페인어가 영어의 세력을 꺾게 될 날이 올 겁니다. 두고 보세요. 중남미가 인구 규모와 천연자원을 바탕으로 해서 전 세계 경제를 좌지우지하게 될 겁니다. 내 말을 꼭 기억해두세요."

모루아 총리는 이 소신에 찬 예언과 함께 자신의 저서 한 권을 내게 선물로 주고 한국을 떠났다. 그때 나는 세린을 막 임신한 상태였다. 모루아 총리의 말이 이따금씩 떠올라 정말 스페인어를 배우고 싶은 마음도 있었지만, 실천에 옮기지 못했다.

그로부터 12년이라는 세월이 지나, 세린이 프랑스에서 중학교에 입학했다. 프랑스어와 영어로 가르치는 바이링구얼 학교인데, 입학하자마자 제2외국어를 선택하라는 가정통신문이 날아들었다. 스페인어, 중국어, 독일어, 이태리어, 라틴어, 러시아어 중에서 선택하는 것이다.

나는 아이와 마주 앉아 어떤 외국어를 배우고 싶은지 물었다. 세린은 많은 친구들이 중국어를 배우고 싶어 하던데 자기는 잘 모르겠다고 말했다. 나는 1998년 모루아 총리가 내게 했던 조언을 들려주었다.

"엄마도 모루아 총리의 생각이 일리가 있다고 봐. 사실 엄마도 스페인어를 공부하고 싶었는데 그럴 여유가 없었어. 스페인어를 쓰는 국가들의 수나 중남미 지역의 잠재력으로 볼 때 네가 어른이 되어서 활동하게 될 시대에는 중남미 지역의 힘이 상당한 수준에 와 있을 거야. 프랑스에서 중국어를 배우는 것보다는 스페인어를 배워두는 것이 좋지 않을까? 중국어는 나중에 또 배울 기회가 있을 테고 말이야. 한번 잘 생각해봐."

중국어가 대세인 요즘, 딸아이한테 스페인어를 배우라고 하는 것이 과연 옳은가 하는 생각도 들었다. 더구나 평소 자기주장을 분명하게 하는 성격이 아닌 딸아이가 간접적으로나마 중국어를 언급했다는 사실을 무시하고 스페인어를 배우게 하는 것이 일종의 모험일 수도 있었다. 하지만 외교관 초년병 시절 모루아 총리가 내게 했던 조언이 분명 옳다고 생각했다. 12년 만에 그 조언을 내 아이한테 적용시킬 기회가 온 것이다. 세린은 엄마의 이야기에 귀 기울이면서 이것저것 호기심 어린 질문을 했다.

"그 프랑스 사람이 왜 스페인어가 미래에 중요해질 거라고 했을까요? 그냥 자기만의 개인적인 생각은 아닐까요?"

"엄마 생각에는 말이지, 모루아 총리가 중남미 대륙이 지니고 있는 경제적, 정치적 잠재력을 염두에 두고 그런 말을 한 것 같아. 중남미 국가가 33개국이거든. 대부분 스페인, 프랑스, 네덜란드, 이런 과거 유럽 강대국들의 점령지였지. 중남미 국가들은 대부분 가톨릭교를 믿고 있어서 아이도 많이 낳아. 그러니까 다른 서양 국가들에 비해 상대적으로 인구도 계속 증가하고 있지. 장기적으로 인구가 많아야 국가가 힘을 발휘할 수 있거든. 교육을 잘 받게 해서 그 인구를 고급 인력으로 키울 수 있으니까. 천연자원도 많고, 농산물도 풍부하고, 그런 경제적인 여건을 많이 고려한 판단일 거야. 엄마 생각에는 지금이 스페인어를 배울 좋은 기회인 것 같은데…."

세린이 내 말에 어느 정도 납득을 했는지는 알 수 없다. 어쨌든 세린은 내게 별다른 말 없이 제2외국어로 스페인어를 배우기 시작했다. 그렇게 1년 동안 학교에서 스페인어를 배웠다. 내가 스페인어를 하지 못하니 아이의 실력이 어느 정도인지 가늠할 수는 없었지만, 시험 결과만을 놓고 보면 세린은 스페인어에서 만점을 받지 않는 경우가 거의 없었다. 엄마의 권유를 따라 선택한 과목에 대한 나름대로의 성의 표시였을까. 언뜻 듣기에 우다다 우다다 시끄러운 소리를 내는 스페인어를 집에서도 혼자서 열심히 떠들어대곤 했다.

세린이 스페인어를 배우길 잘했다는 생각을 갖게 된 것은 다시 그로부터 몇 년이 지나 미국에 와서 생활하면서부터다. 미국에 백인 다음으로 많은 인종이 바로 히스패닉계, 즉 중남미 출신들이다.▼ 미국 인구통계청 자체 연구 결과에 따르면 지금은 약 15%에 불과한 히스패닉계 인구가 2050년에는 지금의 두 배, 즉 30%를 차지할 것으로 전망하고 있다. 실로 어마어마한 수치다.

특히 미국 남부 지역은 중남미 국경과 맞닿아 있어서인지 히스패닉계 인구가 두드러진다. 정원 관리사나 전기 수리공, 배달원, 식당 종업원 같은 종류의 노동자들이 특히 많다. 미국에 사는 히스패닉계 사람들은 영어를 거의 쓰지 않는다. 그러다 보니 일상생활에서 스페인어를 접하는 일이 아주 흔하다. 프랑스에 살면서 영어를 접하는 기회가 거의 없는 것에 비하면, 미국에서 스페인어는 거의 매일 듣는 언어다.

세린은 몇 년 전 엄마의 조언을 따르기를 잘했다는 생각을 하는 듯했다. 미국 학교에서도 스페인어 과목을 선택했다. 같은 학교 친구들은 유럽 본토 스페인어를 배운 딸아이의 발음이 희한하다며 자꾸 발음을 해보라고 시킨단다.

세린은 스페인어에 무척 열의를 보였다. 스페인어 시 낭송 대회에 나간다고 집에서 밤낮없이 연습을 하는 통에 우리 식구들까지 스페인어 구문에 익숙해졌다. 세아도 학교 방과 후 수업으로 스페인어를 6개월 배우더니 어느새 언니와 짧은 대화가 가능

▼ 미국의 인구 분포는 대략 백인 65%, 히스패닉계 15%, 흑인 13%, 아시아계 5% 정도다.

할 정도가 되었다.

가끔씩 지금은 고인이 된 모루아 총리와의 인연이 떠오른다. 히스패닉계가 미국 인구의 30%를 차지하게 될 거라는 2050년이 25년 정도밖에 남지 않았다. 25년 후, 지금은 초보적인 수준의 스페인어를 조잘거리는 딸아이는 40대가 될 것이다. 어떤 모습으로 어떤 일을 하며 살게 될지는 모르지만, 엄마 덕분에 떠돌이 생활은 했어도 일찍이 스페인어를 배워 큰 덕을 봤다는 이야기를 모험담처럼 하게 될지도 모르겠다.

조기 유학과 기러기 가족

우리 가족이 살고 있는 미국 애틀랜타 지역에는 한인 동포 사회와 더불어 새롭게 접하게 된 또 하나의 사회가 있다. 한인 동포 사회 속에 외딴 섬처럼 떠 있는 조기 유학생 사회다. 아이 교육을 위해서 가족이 흩어져 사는, 소위 기러기 가족이다. 프랑스에는 한인 동포의 숫자가 그리 많지 않은 데다 기러기 가족은 아주 드물기 때문에 사실 조기 유학 온 어린 학생들을 직접 접하게 된 것은 이번이 처음이다.

이 용기 있는 가족이 추구하는 목표는 거의 같다. 아이들이 영어를 원어민 수준으로 유창하게 구사하는 것이다. 초등학교 때 조기 유학을 오는 경우는 보통 어릴 때 영어를 배운 뒤 다시 한국으로 돌아가 중고등학교에 진학한다. 중고등학생의 경우라면 영어라는 큰 목표를 일단 달성하고 한국의 입시 지옥에서 벗어나 미국 대학에 진학하는 보다 장기적인 계획을 가지고 있다.

조기 유학생 자녀가 과연 소기의 목표를 달성하는가는 전적으로 개인의 역량을 포함한 여러 복합적인 요소에 달려 있는 만큼, 그 모두를 통칭해서 한데 묶어 이야기할 수는 없다. 사실 우리 사회에서는 성공 사례보다는 그 반대 사례를 더 많이 공론화시키는 경향이 있기 때문에, 다른 부모들이 벤치마킹할 수 있는 좋은 기회가 알려지지 않고 있는 경우도 많을 것이다.

다만 분명한 것은 조기 유학을 온 아이들 모두가 소기의 목적을 달성하지는 못한다는 엄연한 사실이다. 그중에는 가족의 보살핌 없이 질풍노도의 시기를 보내는 아이들도 있고, 무엇보다도 영어를 배우기 위해 가족의 삶을 희생하면서까지 미국에 와서 영어도 그저 그렇고 한국어도 어눌해지는 어정쩡한 상태가 되어버리는 경우도 많다.

조기 유학생 사회를 보면서 놀랐던 건 미국의 중고등학교 안에서도 파벌이 형성되어 있다는 점이었다. 단순히 백인, 히스패닉 라틴 계열, 흑인, 중국인, 한국인 등으로 구분되는 인종별 그룹 외에도, 한국 학생들이 많이 다니는 학교에서는 이민 2세인 코리안-아메리칸과 조기 유학 온 한국인 그룹이 뚜렷이 구분되어 거의 교류하지 않고 지낸다.

한인 이민 2세와 한국인 조기 유학생, 이 두 그룹은 겉모습만 닮았을 뿐 아무런 공감대 없이 보이지 않는 벽을 사이에 두고 있다. 한인 이민 2세 학생들은 미국에서 태어나 미국에서 자라면서 이미 미국화되어 있는 데다 미국이라는 곳이 아무 특별할 것 없는 삶의 터전이다.

그에 비해 조기 유학생들은 어린 나이라고 하더라도 부모가 많은 희생을 감수하고 오로지 자기를 공부시키기 위해 미국까지 와서 살고 있다는 사실을 인식하고 있다. 그러다 보니 머릿속 어딘가 항상 공부를 열심히 해야 한다는 부담감이 크게 자리 잡고 있다. 게다가 미국이라는 나라는 어디까지나 공부를 위해 잠시 와 있는 외국인 것이다. 그 모든 것이 조기 유학생들한테는 정도의 차이만 있을 뿐 분명히 스트레스로 작용한다.

결국 조기 유학 온 한국인 학생, 소위 기러기 가족 자녀들만 따로 어울려 자기들끼리 편하게 한국어를 쓰며 지낸다. 공감대가 형성되어 있으니 당연한 일인지도 모른다. 하지만 다른 그룹과는 문화적 차이가 커서 자연스럽게 어울리지 못하는 부분도 크다. 게다가 조기 유학생과 함께 온 기러기 엄마들 그룹은 한인 이민 2세 학생들의 엄마들과는 일절 교류가 이루어질 수 없다. 기러기 엄마들은 한국에서 남편이 송금해주는 돈으로 아이들을 교육시키고 생활하지만, 이민 2세 자녀를 둔 엄마들은 대부분 남편과 함께 생업에 종사하기 때문이다.

아이의 보다 나은 미래를 위해 많은 것을 감수하고 엄청난 용기를 내는 우리네 부모들이 꼭 알아야 하는 것이 있다면 앞으로는 영어를 곧잘 하는 진정한 한국인이 훨씬 더 유망하다는 사실이다. 한국어가 확실하게 되고 한국 문화와 한국 사회가 자연스럽게 배어 있는 분명한 한국인으로서 영어를 잘해야 경쟁력이 있다는 것이다. 한국어 발음이 불안정하고 표현도 시원치 않고 한국 문화도 잘 모르는 한국인이 영어만 유창하게 해서는 별다른 강점이 되지 못한다.

자녀에게 미래를 주름잡을 힘을 키워주는 것은 부모의 몫이다. 내 아이를 위해 부모가 조금은 더 강해져야 한다. 내 아이를 위해 정말로 필요한 것이 무엇인지를 고민해보는 지혜를 발휘해야 한다. 막연하게 자녀를 위해 자신을 희생하는 것만이 최선일 수는 없다. 그냥 미국에 유학을 온 것만으로 '자동으로' 영어와 한국어가 모두 유창한 2개 국어 능통자가 될 수는 없기 때문이다. 영어도 한국어도 모두 어정쩡하고, 한국인으로서의 정체성도 애매해지며, 민감한 시기에 가족 간의 긴밀함을 잃어버리는 불행한 사태가 벌어지지 않으려면 훨씬 더 주도면밀한 계획과 철저한 책임 의식을 가져야 한다.

Fresh

외국어 공부, 이렇게 해보자

반기문 유엔 사무총장의 프랑스어 선생님이 되다

POWER

2005년 9월 초였다. 서울 외교부 본부에서 근무 중이던 내게 뉴욕에서 전화가 걸려왔다. 반기문 외교부장관의 비서관이었다. 반기문 장관이 아직 유엔 사무총장이 되기 전으로, 반 장관은 뉴욕에서 열리는 유엔총회에 참석 중이었다. 비서관은 장관 부탁이라고 하면서 프랑스 외교장관과 양자 회담을 가질 예정인데 그때 프랑스 외교장관에게 건넬 간단한 인사말을 프랑스어로 적어 보내달라고 했다. 나는 그냥 예사롭게 인사말을 적어서 팩스로 보냈는데, 그때가 바로 반기문 장관이 유엔 사무총장직에 출사표를 던진 무렵이었다.▼

반기문 장관은 유엔 사무총장직에 도전하기로 결심하면서 내심 걱정이 하나 있었다. 바로 프랑스어였다. 유엔 안전보장이사

▼ 반기문 사무총장은 2004~2006년 외교부장관을 지냈으며 2006년 10월에 유엔 사무총장에 당선되었다

회 상임이사국인 프랑스가 유엔 사무총장의 필수 자격 요건으로 '프랑스어 구사력'을 강하게 요구하고 있기 때문이었다.

프랑스는 전통적으로 국제적인 외교 무대에서 독자적인 목소리를 내는 것으로 과거 화려했던 '외교 지존'으로서의 생색을 톡톡히 내고 있다.▼ 프랑스어가 모국어이거나 공식적으로 통용되는 국가들의 모임인 프랑코포니▼▼ 멤버가 총 53개국이나 되는 상황이니, 나름 유엔에서 큰소리를 치며 터줏대감 행세를 할 만도 하다. 물론 유엔 회원국들의 공용어 중에 가장 많은 국가가 사용하는 언어도 프랑스어이다 보니, 전 세계 국가들을 상대로 해야 하는 유엔 사무총장의 업무 수행에 있어 프랑스어가 무척 중요하다는 것은 분명한 사실이었다.

나는 반기문 장관의 부탁으로 주말마다 과외 수업을 해줄 프랑스인 선생님을 추천해주었다. 반 장관은 매주 토요일 한남동 외교부장관 공관에서 몇 시간씩 집중 과외를 시작했다. 토요일마다 반 장관은 직접 차를 운전해서 프랑스어 선생님을 지하철역까지 마중하고 배웅하였다. 장관이 직접 차를 운전해 누군가를 바래다주는 일이 흔한 일은 아닐 것이다.

외교부장관은 우리나라를 방문하는 외국 대통령, 총리, 외교장관은 물론이고 그 외 여러 분야의 외국 고위 인사들을 수시로

▼ 프랑스어는 영어가 국제 언어로 급부상하기 전인 제1차 세계대전까지 유럽의 유일한 외교 언어였다.

▼▼ 프랑스어를 모국어나 행정 언어로 사용하는 국가들로 구성된 국제기구이다. 1997년부터 '프랑스어권 국제기구'라는 공식 명칭을 사용하고 있다.

면담해야 한다. 해외 출장도 매우 잦아 그야말로 정신없는 스케줄을 소화해야 하는 자리다. 실제로 1년의 절반 이상을 해외에서 보낼 정도로 출장이 많다. 해외 출장에서 돌아와 새벽 7시에 공항에 도착, 거기서 곧바로 국회에 출석해 국정감사 심의를 받거나 대정부 질의에 임해야 하는 경우도 많다. 더구나 반기문 장관은 유엔 사무총장직에 입후보한 상태였으니, 일정이 허락하는 한 최대한 많은 외국 인사를 만나야 했고 또 수시로 외국 출장을 나가 자신에 대한 지지 교섭을 해야 하는 상황이었다.

그렇게 바쁜 일정 속에서도 반 장관은 주말이 되면 해외 출장 중이 아닌 한 어김없이 토요일마다 프랑스어 과외 수업을 받았다. 토요일 아침이면 문법책과 연습 문제집을 꺼내놓고 몰아치기 숙제를 하고, 지난주에 배운 부분을 복습하고, 그렇게 여느 학생들과 똑같이 수업 받을 준비를 했다.

주중에 집무실에 있을 때는 종종 나한테 이런저런 프랑스어 관련 질문을 했다. 프랑스어를 쓰는 아프리카 외교장관이 방한해서 환영사나 만찬사를 해야 하는 중요한 계기가 있을 때면, 내가 장관실로 가서 함께 연설문을 점검하고 문법도 따져보고 발음 연습도 시켰다.

나는 항상 반 장관에게 연설문을 큰 소리로 읽으라고 주문했다. 내가 프랑스어를 처음 배울 때 신문이나 책을 닥치는 대로 항상 큰 소리를 내어 읽었고 지금도 그렇게 한다고 하자 반 장관은 열심히 따라했다.

반기문 장관은 늘 발음에 자신이 없어했다. 나는 연설문에서 끊어 읽어야 하는 부분, 힘을 주어야 하는 부분, 길게 늘려야 하는 부분을 체크하고, 발음 하나하나 세세한 부분까지 연습을 시켰다. 반 장관은 바쁜 일정에도 불구하고 처음부터 끝까지 찬찬히 연설문을 살피며, 발음이 어려운 부분을 집중 연습하고 두세 번 다시 전체적으로 읽었다. 내가 다 괜찮다고 안심시키고 장관실을 나온 뒤에도 반 장관이 혼자 소리 내어 연설문을 다시 읽는 소리가 들렸다. 반 장관은 정말이지 지칠 줄 모르는 노력파였다. 프랑스어를 사용해야 하는 매 계기마다 준비된 연설문이나 자료를 거의 달달 외울 정도로 반복해서 읽고 또 읽었다.

지성이면 감천이라는 말은 바로 이럴 때 쓰는 말이었다. 처음에는 어눌했던 반 장관의 프랑스어 발음이나 문장 구사력이 그야말로 일취월장하고 있었다. 그렇게 프랑스어 과외 수업을 받은 지 넉 달 남짓한 시간이 지나고, 반기문 장관은 드디어 프랑스를 방문해 시험을 치러야 하는 날을 맞았다. 프랑스어 구사력을 유엔 사무총장의 기본 자격 요건으로 내세우는 프랑스를 공식 방문하게 된 것이다.

반기문 장관의 연설은 파리정치대학 건물 1층에 있는 대강의실에서 열렸다. 200여 석 정도 되는 대회의실은 프랑스 고위 인사와 언론인, 각국 외교관들로 빈자리 없이 가득 찼다.

반 장관은 진지한 모습으로 연단에 서서 연설을 시작했다. 처음에는 다소 긴장한 듯 자꾸 안경다리를 만지작거렸다. 나는 숨을 죽이고 반 장관이 하는 말 하나하나, 내는 발음 하나하나에 귀를 기울였다. 5분 정도 지나자 반 장관의 태도는 차츰 안정되어 갔다. 연설 리듬도 자연스러워졌다. 스스로 자신의 연설 속으로 빠져들어 가는 듯 보였다. 처음엔 살짝 떨리는 듯하던 음성도 서서히 차분하면서도 자신감 있는 어투로 바뀌어갔다. 우리가 여러 번 연습했던 대로 힘을 주어야 하는 부분, 약간 생각에 잠기는 듯한 모습을 보여야 하는 부분, 한 템포 쉬어줘야 하는 부분을 잘 조절하면서 연설에 힘을 싣고 있었다.

여전히 'r' 발음이 부자연스러웠지만, 그건 어쩔 수 없는 부분이었다. 발음이 완전히 달라서 상대방이 그 단어를 못 알아들을 정도가 아니라면, 그냥 약간 특이한 발음을 내 것으로 만들면 된다. 자신의 발음이 부자연스럽다는 것을 의식하기 시작하면, 거기에 걸려서 문장 전체의 흐름을 막아버릴 수 있기 때문에 그냥 자연스럽게 발음 나는 대로 두는 것이 낫다고 반 장관에게 수차례 이야기했었다. 프랑스어로 연설을 하더라도 발음보다는 내용에 몰입하는 것이 최우선이라고 말이다. 그냥 연설문을 보고 읽는 것이 아니라 연설의 내용에 맞추어 강약을 조절하고, 문장의 흐름에 따라 청중과 함께 호흡하는 것이 연설의 성패를 좌우한다고 생각했기 때문이다.

언어에 상관없이 훌륭한 연설을 하기 위해 무엇보다 중요한 것은 연설의 내용, 즉 콘텐츠가 아니겠는가. 반 장관은 자신이 말하고 싶은 메시지를 제대로 전달하고, 의지와 각오를 분명하게 이해시키며, 청중들과 공감대를 형성해 감동으로 이어지게 하고 있었다. 물론 거기에는 연설문에 있는 모든 문장을 충분히 소화해서, 연설문을 완전히 자신의 것으로 만들었기 때문에 가능한 것이었다.

연설은 30분가량 이어졌다. 연설이 거의 막바지에 이르렀을 무렵, 반 장관은 이제 완전히 자신의 연설 분위기에 빠져들어 자연스럽게 연설문 원고에서 눈을 들어 청중들의 얼굴도 살피고 눈도 맞추는 여유를 보이고 있었다. 이따금씩 주먹 쥔 손을 어깨 높이까지 들어 결연한 각오를 표시하기도 했다. 청중들도 그런 반 장관의 연설에 몰입되어 있는 것이 느껴졌다. 모두들 조용히 진중한 자세로 반 장관의 연설에 집중하고 있었다. 무언가를 계속 메모하는 사람들도 많았다.

연설이 끝났다. "메르시 보꾸!"라는 반 장관의 마지막 말이 끝나자, 청중석에서 박수 소리가 터져 나왔다. 청중들이 너나 할 것 없이 자리에서 일어나 기립 박수를 보냈다.

그렇게 반 장관은 멋지게 프랑스어 연설을 소화해냈다. 정말이지 큰 그릇은 큰 무대에 강하다는 말이 실감났다. 연설 후 반 장관에게 정말 잘하셨다고 축하인사를 건네자 반 장관은 "어휴 힘들었어. 어떻게 했는지 하나도 생각이 안 나. 그렇지만 선생님이 잘했다고 하니 안심이 되네" 하고 웃으며 소감을 털어놓으셨다. 나는 이렇게 어려운 관문을 성공적으로 통과한 반 장관이 자랑스러웠다.

그리고 2006년 10월, 반기문 장관은 아시아 출신으로는 처음으로 유엔 사무총장에 선출되었다. 명실상부 국제사회의 리더가 된 것이다. 너무나 자랑스럽고 기뻤다. 나도 내 나름대로 조금이나마 일조를 한 것 같아 뿌듯했다.

그로부터 몇 년 후였다. 프랑스 스트라스부르에서 열린 유럽 의회 행사장에서 반기문 사무총장을 만났다. 반 총장은 어느덧 사무총장직 재선출을 앞두고 있었다. 반 총장은 나를 보자마자 "어, 선생님!" 하고 외치며 반갑게 맞아주셨다. 순간 유엔 사무총장의 '선생님'이 된 나는 많은 사람들의 시선이 내게 집중되는 것을 느끼며 얼굴이 화끈 달아올랐지만, 반갑고 감사한 마음이었다.

외교관 엄마의

외국어 공부 비법

"어떻게 하면 프랑스어를 잘할 수 있을까요?"

내가 지금까지 살면서 가장 많이 받아본 질문 중의 하나이다. 외교부 내에서 프랑스어 전문가로 알려지다 보니 직원들 중에도 이런 질문을 하는 사람이 많다. 나는 외교관으로서의 기본적인 업무 이외에, 1998년부터 김대중 대통령 임기 5년과 노무현 대통령 임기 5년, 합쳐서 꼬박 10년 동안 대통령의 프랑스어 통역 업무를 맡았다.

우리나라는 관례적으로 대통령의 통역을 현역 외교관이 맡는다. 여러 이유 중 두 가지만 꼽자면, 정상회담에서 대통령의 입이 되어 통역을 하려면 아무래도 우리 정부의 주요 정책과 대통령의 외교 비전에 대해 제대로 알고 있어야 하고, 외교 현안에 대한 구체적인 지식 없이는 정확한 통역이 어렵기 때문이다.

서울 외교부 본부에 근무할 때는 외국 정상들의 방한 때마다 청와대로 들어가 정상회담 통역을 했고, 대통령의 외국 방문 시에는 다른 수행원들과 함께 대통령 특별기에 탑승해 현지에 가서 통역을 했다. 해외 근무 중일 때는 본부로 일시 귀국하거나 아니면 곧바로 대통령의 해외 방문지로 출장을 가서 통역을 했다. 외교부 내에서 프랑스어로 만들어지는 문서는 거의 대부분 내 손을 거쳤다. 대통령 연설문의 프랑스어 번역도 내가 했다.

그렇게 늘 프랑스어로 일하고 프랑스어와 함께 지내는 나지만, 프랑스어를 잘하는 비법이라, 이거야말로 참 난감한 질문이 아닐 수 없다. 전 국민이 영어를 잘하기 위해 막대한 돈과 시간을 투자하는 것도 모자라 인생 패턴 자체를 바꾸고 심지어 이산가족까지 되는 과감한 방법을 택하는 상황에서 내게 외국어를 잘하는 비법이 있다면야 얼마나 좋으랴마는, 공부를 잘하는 비법을 알려달라고 하는 것만큼이나 어려운 질문일 수밖에 없다. 반기문 유엔 사무총장이 프랑스어 공부에 매달리는 모습을 옆에서 지켜보면서 역시 외국어 공부는 매일같이 집중해서 혼신의 노력을 기울이는 수밖에 없구나 하는 생각이 들었다.

하지만 외국어 잘하기, 그 어려운 숙제를 피할 수 없다면, 그래도 이왕 하는 거 좀 더 확실하게 효과적으로 할 방법을 찾을 필요는 있다. 나 자신이 외국어를 내 것으로 만들기 위해 고군분투했던 직접 경험과 어린아이 둘을 외국에서 키우면서 느낀 간접 경험, 이 두 가지 경험을 토대로 프랑스어를 잘하는 방법을 알려달라는 사람들에게 이렇게 대답한다.

"미쳐야 합니다. 미치도록 공부하라는 것이 아니라 프랑스어에 미쳐버려야 한다는 거지요. 한번 미치도록 빠져보세요. 저는 어느 순간엔가 정말로 미쳤던 기억이 분명 있어요."

영어든 프랑스어든 외국어를 잘하는 비법 아닌 비법, 그것은 바로 그 언어에 흠뻑 빠지는 것이다. 언어에 빠지기 위해 그 나라로 가서 모든 것을 다 잊고 언어에만 퐁당 빠져 살 수 있다면 더할 나위 없이 좋겠지만, 현실적으로 불가능할 경우 언어에 빠지려면 몇 가지 요령이 필요한 것은 분명해 보인다. 게다가 누구나 다 외국어를 미치도록 사랑할 수는 없지 않은가. 하지만 신기한 건 정말 외국어를 잘하게 되면 그 언어와 사랑에 빠지게 된다.

대학 졸업 후 프랑스로 유학을 간 나는 이미 뇌가 굳은 상태에서 프랑스어를 익혀야 했다. 프랑스 문학 박사학위를 받기까지의 7년이라는 시간은 내 사고와 삶의 방식을 모두 프랑스식으로 개조하는 과정이었다고 해도 과언이 아니다. 단어를 외우고, 문법을 익히고, 작문 연습을 하는 것은 그 과정의 일부일 뿐, 결국은 내 입이 스스로 외국어를 말하도록 해야 한다. 그러기 위해서 프랑스 사람들이 사는 방식, 언어 표현의 근간이 되는 역사와 풍습, 배경이 되는 신화나 동화, 먹고 즐기고 사는 일상적인 문화까지 이해하려고 노력했다. 그야말로 프랑스어를 몸과 마음으로 받아들이려고 한 것이다.

결국 내 몸은 개조된 방식에 익숙해져 생각도 프랑스어로 하고 고민도 프랑스어로 하게 되었다. 잠꼬대를 하거나 울면서 중얼거리는 것도 프랑스어로, 화가 났을 때도 프랑스어로 냅다 소리를 질러야 속이 시원해지는 것이 느껴졌다. 결국 내 몸 안에 프랑스어 세포가 생긴 것이다.

나라고 해서 뭐 뾰족한 묘수가 있었던 것은 아니다. 내가 프랑스어를 처음 배웠던 1970년대에는 컴퓨터도 제대로 없고 인터넷도 없어서 외국어 공부를 위한 모든 노력이 아날로그 방식일 수밖에 없었다. 말이 아날로그 방식이지 그야말로 애처롭기 그지없는 처절한 자신과의 싸움이라는 표현이 적절할 것이다. 기댈 데라고는 사전과 암기력뿐이어서, 오죽하면 사전에 나오는 단어를 외우고 한 장씩 뜯어 먹는다는 말이 있었을까 싶다.

프랑스어를 배우는 초기 단계에서 힘은 들었지만 기본적인 문법과 문장 구조를 제대로 익히고 발음과 작문 연습을 정석대로 한 것이 큰 힘이 되었다. 흔히 문법 위주의 학습법 때문에 말 한마디 제대로 못 한다고 푸념하는데, 이는 공부 방법 때문이지 문법 때문은 아니다. 어느 정도 수준을 갖춘 외국어에 도달하기 위해서는 문법을 튼튼히 해야 한다. 다만 지나치게 문법이나 문장 분석에만 치중하지 말고 아주 기초적인 문법이나 구문을 사용하여 적절하게 의사 표현을 하는 습관을 들이는 것이 중요하다. 그러기 위해서는 문법이나 작문 공부할 때 나오는 간단한 예문들을 아예 자기 것으로 만들어버리는 것이 좋다. 발음 역시 외국어를 처음 배울 때 무척 중요하다. 한번 익힌 발음은 고치기가 어려운 데다가 외국어 실력을 객관적으로 평가받는 직접적인 잣대가 되기 때문이다.

유학 시절에는 TV도 열심히 보고, 잘 안 들려도 늘 라디오를 틀어놓고, 신문이든 잡지든 줄기차게 읽어댔다. 특히 매일같이 신문이나 잡지의 기사 하나를 골라 무조건 큰 소리로 읽었다. 큰 소리로 읽으면 읽고 있는 내 목소리가 귀에 들어와 나의 발음을 객관화해서 들어볼 수 있다. 저명인사의 연설문 같은 것도 큰 소리로 읽어보기에 썩 좋다. 잘 쓴 문장에서 오는 리듬감과 내용에 대한 공감 때문에 읽는 것 자체가 즐겁고, 그렇게 공감한 문장이나 표현들은 나중에 자기 것으로 만들기가 훨씬 쉬워진다. 이따금 자기 목소리를 녹음해서 저명인사의 발음과 비교해서 들어보면 도움이 많이 된다.

하지만 꼭 이것뿐이겠는가. 요리를 좋아하는 사람은 요리 책을, 스포츠를 좋아하는 사람은 스포츠 잡지를, 만화를 좋아하는 사람은 만화책을 보면 된다. 쇼핑을 좋아하는 사람한테 홈쇼핑 채널만큼 재미있는 것은 없을 것이다. 나한테 맞고 내게 가장 효율적인 방법을 찾아내면 된다. 외국어로 즐기다 보면 어느새 외국어가 내 몸 깊숙이 파고들어 있을 것이다.

놀면서 배우는 아이들, 속도도 방식도 제각각

어린아이들도 외국어 습득이 어렵기는 마찬가지다. 세린이 어릴 적 프랑스에서 몸으로 부딪쳐 프랑스어를 배우고, 한국에 와서는 프랑스어를 까맣게 잊어버리고 한국어 습득에 집중하고, 또 다시 미국에서 영어를 배우는 과정을 지켜보면서 노력 없이 그냥 되는 건 없다는 사실을 깨닫는다. 내가 20대 때 프랑스어에 빠지기 위해 발버둥 쳤던 그 어려움과 별반 차이가 없다. 단지 아이들은 어려서 그 어려움이 얼마나 큰지를 잘 느끼지 못한다는 것, 그리고 어린아이이기 때문에 이미 어른이 되어 많은 것을 의식했던 나와는 달리 부끄러움이나 주저주저하는 태도가 덜하다는 것이 다를 뿐이다.

그래도 세린과 세아는 난생 처음 보는 외국 아이들 틈에 끼어 한마디도 못 알아듣는 학교를 다니면서도 얼마 안 되어 금방 외국어를 익혔다. 아이들이 그렇게 빨리 외국어를 익힐 수 있는 이

유는 무엇보다 '반복 학습'에 있는 듯했다. 또래 아이들과 어울리며 학교라는 동일한 공간에서 일정한 생활 규칙에 맞춰 동일한 상황을 반복해서 접하고, 동일한 행동에 동일한 언어 표현을 반복해서 들으니 말이다.

그런 기회가 없는 어른들은 같은 외국 생활에도 언어 습득이 느릴 수밖에 없다. 흔히 '아이들은 놀면서 말을 배운다'고 하는데 그게 바로 '반복 학습'의 효과가 아닌가 싶다. 같은 동작과 같은 표현을 반복하면서 자연스럽게 언어를 체득하는 것이다. 아이가 말을 처음 배우는 과정을 생각해봐도 그렇다. 아이에게는 외국어를 배우는 것이 한국말을 처음 배우는 것과 크게 다를 것이 없으니까.

세린과 세아가 외국어를 처음 접한 것은 공교롭게도 같은 나이 때다. 큰애 세린은 만 2년 6개월 때 프랑스 유치원에 다니면서부터고, 작은애 세아도 같은 나이에 북아프리카 튀니지 유치원에 다니면서부터다. 두 아이 모두 처음 배운 외국어가 프랑스어다. 영어는 아이들이 좀 더 커서 초등학교에 들어가면서 배우기 시작했다. 두 아이 모두 프랑스어든 영어든 학교가 아닌 다른 곳에서 별도로 가르쳐준 적은 없다. 큰애가 튀니지에서 여름방학 동안 프랑스어 학원에 다녔던 것을 빼고는 전적으로 학교에서 배웠다.

말수가 적고 자기표현이 분명하지 않은 세린이 본격적으로 프랑스어를 하기 시작한 것은 유치원에 다닌 지 서너 달이 지나서부터다. 반면 사교적이고 자기주장이 강한 세아는 이보다 조금 빨랐다. 하지만 사실 전반적으로 큰 차이는 없다. 다만 두 아이의 성격과 관련하여 분명한 차이는, 세린은 어쩌다 한번 하는 말들의 문법이나 구문이 완벽한 데 비해, 세아의 경우는 의미 전달은 되지만 구문이 예쁘지 못하거나 앞뒤가 뒤바뀌는 등 문법적 오류가 있다는 점이다.

이런 차이에는 환경적 요인을 무시할 수 없을 것 같다. 세아가 다닌 튀니지 유치원은 운영자와 교장은 프랑스인이지만 담임 선생님과 보조 선생님은 모두 튀니지 현지인이었다. 이들이 사용하는 프랑스어는 결코 프랑스인과 같을 수 없다. 프랑스어가 공용어이기는 하지만 모국어는 아니기 때문이다.

그리고 두 번째 요인은 아이들이 외국어에 노출된 밀도의 차이다. 프랑스 유치원에서는 오로지 프랑스어만 쓰지만, 튀니지의 경우 수업만 프랑스어로 할 뿐 그 외 일상에서는 아랍어를 쓴다. 세아가 하루 일과를 끝내고 유치원 문을 나설 때면 유치원 보모나 경비한테 늘 아랍어로 인사를 건넸다. 그렇다고 아랍어를 배우는 것도 아니다 보니 한 가지 언어에 대한 집중이 분산되는 것이다.

세 번째는 무엇보다 결정적인 요인으로 두 아이의 성격 차이다. 내성적이지만 진지한 성격의 세린은 자기 머릿속으로 모든 것이 분명하게 인지되고 확신이 서야 문장으로 표현해낸다. 완전히 무르익을 때까지 내면에서 숙성을 시키는 것이다. '애는 도대체 말을 배우기는 하는 걸까' 하며 걱정 반 초조함 반으로 갑

갑해할 즈음, 한마디 툭 던지는 말이 제대로 구사된 완벽한 문장이었다. 반면 말이 되든 안 되든 일단 내뱉고 보는 용감무쌍한 세아는 발음도 구문도 문법도 뭐 하나 똑 떨어지지 않는 미완의 말들을 끊임없이 재잘댄다. 그 말은 이렇게 해야 하고, 그 문장은 이게 맞는 거라고, 아이가 말을 할 때마다 고쳐주고 잔소리를 해보지만 소용없다.

결국 아이들은 자기가 속한 환경에서 또래와 어울려 놀면서 각자의 방법으로 언어를 체득한다는 것을 알게 되었다. 조금 늦다고 조급해할 필요도, 오류가 많다고 잔소리할 필요도 없다. 때가 되면 자체적으로 정리된다. 틀린 부분은 나중에 고쳐도 늦지 않다. 중요한 건 아이를 절대 다그쳐서는 안 된다는 점이다. 아이가 자유롭게 외국어로 노는 것을 방해하기 때문이다. 엄마의 지나친 관심과 간섭이 오히려 방해가 될 수도 있음을 깨달았다.

다양한 관심, 다양한 즐길 거리

두 아이는 모두 유치원에서 꼬박 8시간을 보냈다. 세린은 프랑스 유치원에서, 세아는 튀니지 유치원에서 하루 종일 프랑스어를 쓰고 집에 돌아오면 한국어로 소통했다. 우리 아이들에게는 '집'이 지니는 심리적, 상징적 의미가 두 가지다. 보통 아이들이 '집'이라는 데서 느끼는 든든하고 따뜻하고 보호받는 울타리라는 의미 외에 친숙한 가족의 언어인 한국어로 소통하는 곳이라는 의미가 담겨 있다.

그런데 아이들이 유치원에 적응하면서 이 두 번째 의미가 점점 퇴색해갔다. 하루 종일 놀며 사용하는 프랑스어가 가장 친숙한 언어가 되어버렸기 때문이다. 집에서 한국어 쓰는 것을 힘들고 불편해했다. 사람 마음이 참 간사해서 처음에는 아이들이 빨리 외국어를 배우기를 바라다가 정작 외국어가 한국어를 앞질러 버리면 또 다른 근심이 시작된다. 외국어에 익숙해져서 한국어를 잊어버리게 될까봐 노심초사하는 것이다.

그래도 집에서만큼은 한국말로 소통하는 방식을 고수했다. 대신 한국말을 힘들어하는 아이들을 위해서 아이들이 집중해서 즐겨 보는 매체를 한국어와 외국어로 번갈아가며 반복해서 읽어주고 틀어주었다. 세린은 주로 그림책 보는 것을 좋아하고, 세아는 TV 애니메이션을 더 좋아했다. 세린은 텔레토비 세대고, 세아는 뽀로로 세대다. 그런 과정을 반복하니 아이들은 상황에 따라 그에 맞는 언어 코드로 인식하기 시작했다. 세상에는 여러 언어가 존재하고 똑같은 상황에서 언어 코드만 바꾸면 외국어가 된다는 것을 받아들이는 것 같았다. 언어의 방을 유연하게 넘나드는 것이다.

아이들에게 반복해서 뽀로로를 보여주고 그림책을 읽어주면서 역시 외국어와 친해지는 가장 좋은 방법은 외국어로 노는 거구나 싶었다. 노래를 좋아하는 아이한테는 노래를 따라 부르게 하고, 영화를 좋아하는 아이한테는 영화를 보여주고, 야구나 농구 같은 운동을 좋아하는 아이에게는 대회 중계방송을 보여주는 식으로 말이다. 외국 친구와 이메일을 주고받는다든지, 재미있는 광고 카피를 써본다든지, 만화를 그리고 말풍선 안에 외국어 대사를 쓴다든지, 다양한 방법을 동원해보자. 즐길 수 있는 방법은 무궁무진하다.

나는 프랑스에서 유학하던 시절, 요리 책을 즐겨 봤다. 먹는 것, 마시는 것에 관심이 많은 프랑스 사람들과 프랑스 문화에 대한 호기심에서였다. 요리 책과 사전을 나란히 펴놓고 단어를 찾아가며 간단한 요리를 흉내 냈다. 갖가지 종류의 음식 재료들 중에는 생전 처음 보는 채소, 많고도 많은 생선 종류, 허브나 조미료 이름 등 사전에도 나오지 않는 희한한 단어들도 많았다. 또 요리 책에 나오는 문장은 최대한 간단하고 명료한 표현이 대부분인 데다가 몇 센티미터 간격으로 썰고 몇 분 동안 끓이라는 등 실용적이면서도 다른 문학 책에서는 보기 힘든 다양한 어휘와 구문들이 많았다. 그렇게 익힌 단어들을 마트에서 장을 볼 때 다시 발견하는 순간 그 어휘는 완전히 내 것이 되었다.

이따금 솜씨를 발휘해보겠다고 그 옛날에 보던 프랑스 요리 책을 다시 펴놓고 끙끙대는 엄마 모습을 몇 번 보아서인지 세아가 초등학생이 되자 엄마 흉내를 내며 요리 책을 보기 시작했다. <마스터 셰프> 같은 TV 요리 프로그램도 열심히 보더니 도서관에서 갖가지 요리 책을 빌려온다.

"엄마, 오늘 프렌치 쿠킹 책을 빌려왔어요. 음, 냠냠…. 이 크레페 만들어봐도 돼죠?"

'이거 또 일거리 잔뜩 생기겠구먼.'

아이가 요리를 한답시고 온갖 재료들을 벌여놓으며 어지럽히는 것을 뒤치다꺼리할 생각에 벌써부터 괴롭다. 그렇다고 아이의 의지를 꺾을 수도 없다. 요리 책 읽는 것도 엄연한 독서니 말이다. 실생활에 필요한 갖가지 어휘들을 자연스럽게 익힐 수 있다는 사실을 너무도 잘 아는 내가 아이의 발전 기회를 막을 수는 없지 않은가. 세아는 요리 책을 펴놓고 열심히 따라하더니, 모양이야 어떻든 얼추 크레페 비슷한 것을 만들었다.

세아가 좋아하는 놀이가 또 하나 있다. 바로 만화 그리기다. 혼자 책상 앞에 앉아 뭔가를 열심히 끄적인다 싶으면 자기가 좋아하는 캐릭터를 동원해 만화를 그리고, 말풍선 안에 대사를 써넣고 있다. 저 나름대로 어디선가 본 듯한 캐릭터를 흉내 내면서 자기만의 독특한 이야기를 만들어낸다.

좀처럼 눈 구경을 할 수 없는 미국 애틀랜타에 눈이 내린 적이 있다. 눈에 대한 대비가 전혀 되어 있지 않은 도시는 불과 몇 센티미터 쌓인 눈에 완전히 마비되어버렸다. 학교는 며칠 동안 휴교했고, 길에는 미끄러진 차들이 마구 방치된 채 옴짝달싹할 수 없는 상황이 수일간 이어졌다. 세아는 집에 쌓인 눈으로 눈사람을 만들고 엄마 스마트폰으로 사진을 찍더니 사진 위에다 평소 습관대로 '눈사람 이야기'를 즉석에서 적어놓았다.

Frosty the snowman!
Once upon a time, there was a family. They were a family from Frosty town. They were born on the same day. They lived outside on a table covered in snow. They died about 2 weeks later because the weather was getting warmer.

초등학교 4학년 세아의 눈사람 이야기가 내게는 제법 흥미롭게 느껴졌다. 가족, 눈, 죽음, 기온, 이런 여러 요소들이 잘 어울려 나름대로 이미지를 잘 전달해준다.

외국어로 즐기는 방법을 찾게 되는 순간, 외국어가 넘어야 할 산이 아닌 함께 즐길 수 있는 동반자가 된다. 그리고 그렇게 사귄 동반자는 오래도록 함께하는 친구가 될 것이다.

도전 도전 도전!

외국어 스피치 대회

많은 사람들 앞에서 외국어로 말을 하거나 발표를 한다는 것은 생각만으로도 몹시 땀나는 일이다. 사실 이런 것들은 외국어가 아니라 우리말로 한다고 해도 긴장되기는 마찬가지다. 그러니 외국어로 하려면 훨씬 더 많은 연습과 준비가 필요하다.

우리의 뇌 구조는 어찌나 희한한지, 바짝 긴장한 상태에서의 행동이나 자극은 잘 잊히지 않는다. 만약 많은 사람들 앞에서 큰 실수라도 하게 된다면 그 경험이 두고두고 생각나 괴로울 것이다. 이런 뇌 구조를 역으로 이용해 긍정적인 측면에서의 긴장감을 자신에게 심어주는 것은 참 좋은 기회로 작용하는 것 같다.

그런 좋은 기회를 만들어 도전해보자. 외국어로 하는 스피치 대회, 외국어로 하는 시 낭송 대회를 준비하면서 완전히 몰입해보자. 그렇게 외운 시나 문장은 외국어 실력을 한 단계 향상시키는 데 결정적인 밑거름이 될 것이다. 학교 시 낭송 대회에 나가 발표했던 시나 음악 시간에 앞에 나가 시험을 본 노래는 오랜 세월이 지나도 입가를 맴돌며 기억나지 않던가.

미국에 온 지 얼마 되지 않은 2013년 겨울, 세린은 한 대학교에서 주관하는 외국어 대회에 출전했다. 조지아 주와 사우스캐롤라이나 주에 있는 대부분의 고등학교가 참가하는 대규모 대회였다. 프랑스어, 스페인어, 중국어, 이탈리아어, 일본어, 러시아어, 독일어 등 언어 종류도 무척 다양하고, 각 언어별로 초급부터 원어민 수준의 최고급 레벨까지 구분되어 있어 초보 수준의 아이들도 도전할 수 있도록 해놓았다. 세린은 프랑스어 최고급 레벨과 스페인어 중급 레벨에 도전장을 냈다.

사전에 몇 개의 시와 동화들이 주어졌고, 참가 학생은 레벨에 따라 자기가 원하는 시와 동화 각 한 편씩을 고르면 된다. 세린은 아폴리네르의 <미라보 다리 아래>라는 시와 이솝의 <거북이와 두 마리 오리>라는 우화를 선택했다. 최고급 레벨은 두 가지 모두를 하도록 되어 있다. 스페인어로는 가르시아의 '잠 못 드는 사랑' 1, 2절을 택했다. 대회를 앞두고 세린은 맹연습에 들어갔다. 문장을 외우느라 연일 난리를 치더니 그 다음에는 감정을 싣는 연습을 한다고 식구들을 앞에 놓고 저녁마다 리허설을 했다. 대회 전날까지 쉬지 않고 연습에 열을 올렸다. 자기 혼자 개발해서 익힌 제스처도 제법 자연스러워졌다.

아침 일찍 대학교에 도착해보니 참가 학생들과 부모들로 완전 북새통이었다. 대회가 진행되는 동안 부모들은 일절 출입 금지였다. 참가 학생들만 심사위원단 앞에서 그동안 연마한 어학 실력을 발휘하는 것이다. 세린을 혼자 남겨두고 우리는 대학교 교정에서 준비해간 도시락을 먹으며 모처럼의 한가한 주말을 만끽했다. 혼자서 끙끙대고 있을 세린을 그저 마음으로만 응원하면서 말이다.

오후 세 시, 수상자 발표가 예정된 대학교 대강당에 학생들과 부모들이 모여들었다. 3천 석은 족히 될 강당 안이 빈자리 하나 없이 꽉 찼다. 각 언어별, 레벨별 수상자가 발표되고 일일이 메달이 수여되었다. 어느 고등학교 누구, 이렇게 발표될 때마다 박수와 함성이 터져 나왔다.

드디어 프랑스어 최고급 레벨 차례가 왔다. 우리는 손에 땀을 쥐며 두근거리는 가슴을 억지로 진정시키고 있었다. 3등, 아니다. 2등도 아니다. 그렇다면 혹시 1등? 우리 애 이름이 불리자, 우리 식구들은 참았던 "와!" 소리와 함께 손바닥에 불이 나도록 박수를 쳤다. 금메달을 걸고 자리로 돌아온 아이는 무척 흡족한 표정이었다.

"엄마, 3등한 애는 가봉 애고요, 2등한 애는 벨기에 애예요."

"그래? 둘 다 프랑스어가 모국어인 아이들이구나. 세린아, 정말 대단하다! 축하해!"

그런데 이게 전부가 아니었다. 세린은 스페인어 중급 레벨에서도 1등을 차지했다. 우리 가족은 환호성을 질렀다. 두 번째 메달을 목에 걸고 들어오는 딸과 요란하게 하이파이브를 하며 축하해주었다.

우리의 환호는 여기까지였다. 몇 달 후 세린은 영어 스피치 대회에 또 출전했다. 현장에서 주제가 주어지고 즉석에서 원고를 써서 바로 스피치를 하는 형식이다. 단순히 영어만 잘한다고 되는 일이 아닌 것이다. 시사 문제나 국제적인 이슈에 대해서도 충분히 알고 상대방을 설득할 수 있는 논리를 지녀야 한다.

참가 결과 세린은 거의 최하위에 속했다. 꼴찌에 가까웠다. 심사위원들의 심사평은 자기주장을 뒷받침하는 객관적 논리가 부족하며, 지나치게 한 가지 시각에 편중되어 있다는 것이었다. 자신에게 주어진 원고를 외우고 낭송하는 과제에서는 1등을 했지만, 논리적인 사고와 평소의 지식을 총동원해 즉석에서 글을 써서 하는 스피치에서는 실력이 형편없이 부족한 것이다. 이는 곧 세린의 논술, 상식, 문장력, 창의력, 이 모든 부분에서 갈 길이 멀다는 사실을 뜻하는 것이기도 하다. 결국 언어는 커뮤니케이션의 도구일 뿐, 그 안에 담기는 내용, 표현해내는 문장력 그리고 말하는 태도와 방식 등이 중요한 것이다.

세린은 이런 결과를 어느 정도 예상했다면서 영향을 많이 받지 않으려 애썼지만, 나름대로 충격이 큰 모양이었다. 공부할 것이 얼마나 많은지 깨우치는 좋은 계기가 되었다고 했다. 다른 아이들이 어떻게 자기 입장을 이야기하고 상대방을 설득하는지 볼 수 있는 기회가 되었다고도 했다. 그러면서 다음번 대회에 또 나가보겠다는 의지를 보였다.

앞으로도 도전을 거듭하면서 좌절을 반복해서 맛보게 될 것이다. 중간중간 희열을 느끼는 일도 많이 생기기를 바랄 뿐이다. 이렇게 대외적으로 다른 많은 사람들 앞에서 도전해보고 객관적인 평가를 받다보면 자신만의 무기가 조금씩 갖춰지지 않겠는가.

적극적으로 나서지 않는 한 외국어가 저절로 내 것이 될 수는 없다. 아이가 걸음마를 시작할 때와 똑같은 것 같다. 넘어지고 엎어지고 엉덩방아를 찧는 과정을 수없이 반복하다가 어느 순간 뒤뚱대며 걸음마를 시작하는 것처럼, 외국어도 똑같은 과정을 겪어야 한다. 뒤뚱대는 연습 과정 없이 그리고 엉덩방아 찧는 아픔 없이 바로 걷고 뛸 수는 없다는 만고불변의 진리를 받아들여야 한다.

스스로 크는 아이들

도움 안 되는 엄마,

스스로 크는 아이

분명 새벽녘이다. 빛이 들어오도록 조금 열어놓은 덧창 사이로 어스름하게 동트는 기운이 느껴진다. 튀니지의 하루를 또다시 뜨겁게 달궈줄 태양이 기지개를 펴는 시간이다. '또 아침이 오는구나' 그런데 도무지 눈이 떠지질 않는다. '아, 이 괴로운 잠이여…' 일어나고 싶은데 몸이 말을 듣지 않는다. 아니 누군가 내 두 팔과 다리를 짓누르고 있는 것 같다. 하는 수 없이 아이를 부른다. 그래도 목소리는 나오는 게 신기하다.

"세린아, 세린아!"

복도를 통해 울려 퍼지는 엄마의 익숙한 목소리에 잠이 깬 세린이 대답한다.

"네, 일어났어요."

새벽 6시 40분, 세린이 아래층으로 내려가 부엌에서 혼자 움직이는 소리가 들린다. 여전히 비몽사몽간에 있는 내 몸은 여전히 침대에 그대로 박아둔 채 그나마 정신은 아이한테 쏠려 있다.

아침잠이 유난히 많은 내게 이 시간은 정말이지 고역이다. 세린은 정확히 아침 7시 5분에 집 앞에 도착하는 스쿨버스를 타야 한다. 이제 겨우 아홉 살인 아이는 6시 40분에 일어나 부엌으로 가서 혼자 시리얼을 우유에 부어 먹고 이 닦고 대충 세수하고 옷 입고 신발 신고 대문으로 돌진한다. 대문이 닫히기가 무섭게 버스가 출발하는 소리가 들린다. 그와 동시에 나는 다시 잠 속으로 빠져든다. 구덩이 속으로 빨려 들어가는 두더쥐처럼 침대 깊숙이 파묻힌다. 그래봐야 고작 20여 분 더 자는 건데 왜 이리도 이 시간을 아이를 위해 희생하지 못하는 것인지. 나는 아무래도 엄마 자격이 없나 보다며 매일같이 자책을 하면서도 고쳐지지 않는다.

튀니지에서 보낸 2년 남짓한 시간은 죄책감의 연속이었다. 더운 나라다 보니 모든 것이 아침 일찍 가동된다. 아이들 학교도 사무실도 다 마찬가지다. 아이는 자기를 지나치게 믿고 맡기는 뻔뻔한 엄마를 둔 탓에 혼자 아침을 먹고 혼자 학교 갈 준비를 하고 혼자 집을 나선다. 하지만 단 한 번도 엄마한테 불평을 한 적이 없다. 뭐 어차피 그래 봐야 별다른 도움이 될 것 같지 않다는 사실을 일찌감치 깨닫고 아예 포기해버린 건지도 모르겠다.

프랑스로 와서는 기상 시간이 늦춰져 아침 7시 반에 모두 함께 일어났다. 하지만 나는 나대로 출근 준비를 해야 하니 아이들한테 소용없기는 마찬가지다. 아이들의 메뉴는 대부분 전날 퇴근길에 사다놓은 빵이다. 요구르트 정도가 아이들이 스스로에게 허락하는 아침 성찬이다. 그나마 아이들은 엄마와 함께 손잡고 집을 나설 수 있는 프랑스에서의 일상을 즐거워했다.

저녁에도 엄마가 돌아오기 전에 숙제며 준비물이며 모두 자기들끼리 알아서 챙겨놓는다. 엄마가 돌아와 취침 전까지 그 얼마 되지 않는 시간 동안 엄마랑 함께해야 할 것들이 많기 때문이다. 대충 저녁을 차려 먹고 운동을 하러 밖에 나가는 엄마를 아이들이 따라나서는 것도 엄마와 함께 있는 시간을 놓치지 않기 위해서다. 아이들은 공원에서 조깅하는 엄마 옆에서 씽씽카를 탄다.

주말마다 엄마가 늦잠을 실컷 자도록 협조해주는 것도 우리 아이들의 중요한 임무다. 세린은 언제부턴가 토요일 아침마다 커피머신에 필터를 깔고 원두커피를 내려 엄마가 일어나는 기척이 들리기를 기다려 직접 서빙하기 시작했다. 그러자 세아가 이 모습을 샘내며 자기도 원두커피 내리는 법을 배우겠다고 언니한테 떼를 쓰곤 했다. 엄마를 위해 엄마가 제일 좋아하는 커피를 가져다주는 특권 아닌 특권을 누리겠다는 것이다. 겨우 일곱 살 난 세아한테 커피를 맡기는 건 무리였다. 고민 끝에 이참에 이전부터 갖고 싶었던 캡슐커피머신을 구입했다. 캡슐만 넣고 누르면 되는 커피머신은 아이의 욕구를 충족시키며 우리 가족의 화합과 행복의 머신이 되기에 충분했다.

한국으로 돌아와 중학교에 1학년 2학기부터 다니기 시작한 세린이 2학년이 되었다. 담임 선생님과의 면담이 있다는 가정통신문을 받고 학교로 갔다. 면담실에서 만난 선생님은 아이의 학교 생활에 대해 이런저런 이야기를 들려주고 나서, 최근에 아이들한테 신상 조사 비슷한 상담 성격의 질문지를 돌렸다고 했다. 혹시 아이들에게 고민은 없는지 심리 상태가 불안하지는 않은지 답변을 통해 알아보는 거라고 했다. 그러면서 우리 애가 쓴 답변을 한번 볼 테냐고 물었다.

"혹시 뭐 특이한 답변이 있었던가요?" 내가 조심스레 물었다.

"그건 아니고요, 여러 질문이 있는데, 아이들이 무슨 생각을 하고 있는지 피상적이나마 좀 알 수 있거든요."

선생님은 세린이 쓴 답변서를 내게 보여주었다.

자살에 대해 생각해본 적이 있는가? → 없음

장래 희망이 무엇인가? → 아직 모르겠음

부모님에 대해 어떤 생각을 가지고 있는가? → 아빠 : 존경한다 /
엄마 : 걱정된다

순간 나는 터져 나오는 웃음을 참을 수가 없었다. 그런 내 반응이 가엾게 보였는지 선생님은 이렇게 말했다.

"엄마가 늘 바쁘시니까 그런 엄마가 염려된다는 의미로 적은 걸 거예요."

"아마 그렇겠죠. 저도 가끔 저 자신이 걱정되니까요, 하하하."

아이의 한국어 구사 수준을 감안할 때, 담임 선생님의 해석처럼 엄마를 '염려'하는 마음을 표현한 것이리라 짐작이 갔다. 하지만 꼭 그렇지 않을 수도 있다는 생각이 퍼뜩 들었다. 아빠는 '존경한다'고 하지 않았는가. 아빠를 존경한다는 것과 대비되는 이 '걱정된다'는 표현은 어쩌면 불량 엄마가 '안심이 되지 않는다'는 의미로 비꼬아 표현한 것일 수도 있다는 생각이 들었다. 일종의 자격지심이다.

그러나 어쩌랴, 나도 내가 걱정되는 것을. 어차피 자업자득이다. 우습기도 하고 조금은 서운하기도 하고 아무튼 복합적인 감정이 밀려들었다. 선생님과 면담을 끝내고 다시 사무실로 돌아오는 지하철 안에서 머릿속으로 여러 번 '걱정된다'는 말을 곱씹어보았다.

그렇다고 아이한테 무슨 말인지 따져 물을 수도 없었다. 그나마 아이에게 존경할 수 있는 아빠가 있다는 사실이 얼마나 다행인가. 어쩐지 씁쓰름한 마음이 들었지만 어쩔 수 없다. 그 또한 감당해야 할 나의 몫이다.

그리고 한국을 떠나 미국으로 와서 첫 여름방학을 맞았다. 5월 말부터 8월 초까지 이어지는 긴 방학이다. 방학이 시작된 다음 날 저녁, 세아의 입 모양을 보니 분위기가 심상치 않다.

"왜 그렇게 골이 났어? 엄마가 왔는데 반가워하지도 않고. 언니랑 싸웠어?"

"아니에요, 언니가 방학 동안 하나도 놀지 못하게 해요."

"방학이 얼마나 긴데, 하나도 놀지 못하는 건 또 뭐야?"

"오늘 언니랑 방학 스케줄을 짰거든요. 그런데 놀 시간이 하나도 없어요."

"어디 한번 가져와 봐."

세아는 시계 모양으로 만든 방학 계획표를 내밀었다. 나도 어릴 적 많이 해봤던, 그러나 결코 제대로 실천한 적이 없었던 방학 계획표였다. 얼핏 계획표를 본 나는 세아가 왜 그렇게 입이 나왔는지 단박에 이해가 갔다. 5분 단위까지 세세하게 명시된 계획표에는 공부, 독서, 휴식, 공부, 독서, 휴식… 학교 시간표와 별반 차이가 없었다.

"세린아, 엄마랑 이것 좀 보자." 나는 큰애를 불렀다.

"방학 동안 계획대로 잘 생활하려면 무엇보다 계획 자체가 현실적이어야 해. 이거 한번 봐. 오전은 그렇다 치고 오후에 공부하고 독서하고 엄마 도와 저녁 준비하고 밥 먹고 곧바로 독서하고, 이건 좀 심하지 않니? 게다가 5시 반부터 엄마를 도와 저녁 준비한다는 건 또 뭐니? 엄마가 집에 들어오면 6시가 넘는데 어떻게 있지도 않은 엄마를 돕는다는 거야? 저녁을 먹고 나면 7시가 넘는데 여름에는 저녁에 엄마랑 수영도 해야 하고 할 게 많은데 한여름 밤에 또 독서야? 세아 의견도 들어보고 실천할 수 있는 범위 내에서 계획을 짜야지. 동생의 의견을 듣고 반영해서 즐겁게 생활할 수 있도록 계획을 짜주는 것도 언니가 해야 하는 거야. 너만 생각하면 안 돼. 세아는 너랑 다르지 않니. 내일 세아랑 다시 의논해서 세아도 동의하고 책임질 수 있는 계획표로 다시 짜봐, 알겠지? 동생과의 관계에서도 민주주의가 우선이야."

그렇게 둘은 민주주의와 개인의 자유를 존중하는 방학 계획표를 다시 만들었다. 그리고 계획한 대로 하려고 애썼다.

특이한 환경 속에서 그리고 아무런 도움이 되지 않는 엄마 밑에서 자기들끼리 티격태격하면서도 서로 의지하며 모든 것을 알아서 하는 아이들이 대견하면서도 미안한 마음이 든다. 그렇지만 달리 방도가 없으니 나로서는 시간이 있을 때 아이들과 함께 열심히 놀고 떠들고 웃고 하는 수밖에 없다. 그것이 스스로 커가는 아이들에 대한 나만의 보답이다.

그러나저러나 세아가 학교 상담지에 '언니 : 무자비하지만 존경한다 / 엄마 : 일생 도움이 안 된다'라고 쓰면 어쩌나 하는 생각이 든다.

공부만 하는 첫째,

놀기만 하는 둘째

세린과 세아는 엄마, 아빠의 유전자를 골고루 섞지 못하고 한쪽만을 그대로 이어받았다. 세린은 남편을, 세아는 나를 닮았다는 사실이 살면서 더욱 강하게 느껴져 어떨 땐 아이들한테 미안한 마음도 든다. 엄마 아빠를 좀 섞어서 닮았더라면 지금처럼 너무 다른 성격으로 서로를 이해하지 못하는 상황은 없을지도 모르는데 말이다.

세린은 어려서부터 에누리 없이 엄한 프랑스식 교육을 받고 자란 탓에 언제 어디서든 흐트러지는 법이 없다. 원칙주의자에다 자기가 옳다고 판단하는 일에 대한 고집도 대단하다. 엄마한테 한 소리를 들으면 그 앞에서는 고치는 척하다가 이내 자기 스타일로 돌아간다. 엄마 아빠가 안 본다고 꾀를 부리거나 요령을 피운다거나 하는 일은 상상하지 못한다. 게다가 늘 신중하고 이따금 엄마의 숨통을 막히게 할 정도로 매사에 철저하다. 물론 대부분의 경우는 덤벙대고 성질 급한 엄마의 구멍을 미리 알고 대처해주기 때문에 참으로 고마운 딸이지만, 이따금 앞뒤가 꽉 막힌 원칙을 고집할 때면 답답할 때도 있다.

세아는 언니와 정반대다. 파리에서 다니던 동네 치과의원 의사는 '세아는 치료받으러 오는 사람 중에 유일하게 웃으며 뛰어 들어와 신나게 자리에 가서 앉는 유일무이한 환자'라며 늘 반가워했다. 타고난 낙천적인 성격에 친화력과 사교성을 갖춘 세아는 무서운 사람도 두려운 것도 없는 무사태평에다 노는 것만큼은 세상에서 최고로 부지런한 아이다. 학교에 다녀오면 아무 데나 가방을 내팽개치고는 일단 놀기 시작한다. 실컷 놀고 나서 좀 양심에 찔리는 듯하면 책 몇 장 들여다보는 식이다.

옷 입는 스타일만 봐도 둘은 천지 차이다. 세린은 목이 조금이라도 파였거나 어느 한 부분에 시스루 옷감이 있거나 너덜거리는 디자인의 옷은 절대 입지 않는다. 세아는 뒤가 완전히 파였거나 옆구리가 아예 없거나 소매가 후루루 말렸거나 한쪽 어깨가 늘어지거나 하는 특이한 스타일의 옷만 입는다. 어릴 때도 세린은 스타킹을 신고 원피스 입는 것을 좋아했지만 세아는 치마라는 것은 한복 이외에는 입어본 적이 없다. 꼭 끼는 검은색 레깅스나 스키니 진에 희한한 디자인의 티셔츠를 걸쳐 입는 것이 세아가 제일 좋아하는 스타일이다.

엄마가 셔츠 단추를 가슴 있는 데까지 잠그지 않고 풀어놓는 것을 참지 못하는 세린은 종종 나를 숨 막히게 한다. 우측통행이라고 적힌 지하철 보행로에서 내가 조금이라도 가운데 쪽으로 갈라치면 여지없이 엄마의 팔을 잡아당긴다. 학교에서 흰색 계열의 옷을 입고 오라고 했는데 엄마가 단 하나의 무늬라도 들어간 옷을 건네주면 '딸의 교육상 좋지 않은' 엄마가 되어버린다.

그런 세린의 입장에서 대충 아무렇게나 하고 싶은 대로 사는 동생을 보면서 '인간이 아니다'라고 생각하는 것은 어쩌면 당연한지도 모르겠다. 세아는 세아대로 사사건건 참견하고, 미리 준비하라고 잔소리하고, 단추 끼라고 야단치고, 밖에서 다른 애들하고 떠드는 것이 창피하다며 멀리 떨어져 걷고, 5분 단위로 생활 계획표를 짜주는 언니가 이해될 리 없다.

그런데 의외로 둘 다 어렸을 때는 세린이 세아를 이기지 못했다. 백전백패였다. 그도 그럴 것이 일상생활에서 벗어나 외출을 하거나 여행을 가게 되면 첫째는 급작스런 상황에 대한 대처 능력이 현저하게 떨어지고, 둘째는 호기심으로 눈을 반짝거리며 신이 나기 때문이다. 세아가 세린에게는 해결사나 다름없다.

"엄마, 화장실 어디 있어요?"

여행 중에 식당에 들어서자마자 세린이 묻는다.

"엄마가 어떻게 아니? 우리 모두 여기 처음 왔는데. 저기 주문받는 점원한테 가서 물어보렴."

엄마의 반응에 세린의 표정이 이내 어두워진다. 물어보러 갈까 말까 망설이는 표정이 역력하다. 누구도 못 말리는 소심한 성격인 것이다.

'급하면 자기가 물어보러 가겠지. 저 녀석 쭈뼛거리는 버릇은

언제나 고치려나….'

나는 아이의 표정을 살피며 그대로 내버려두었다. 늘 같은 상황이 반복되기 때문이다.

"언니, 내가 물어볼게. 잠깐만 기다려."

순간 언니와 엄마의 속마음을 알아차린 세아가 쏜살같이 점원한테 다가가 정보를 파악한다. 그러면 세린은 아무 말 없이 안내해주는 동생을 따라간다.

패스트푸드점에서 주문을 할 때도 마찬가지다. 프랑스에서는 대부분 디저트가 포함된 세트 메뉴를 주문하는데, 디저트를 메인 메뉴와 함께 가져갈지 아니면 메인 메뉴를 다 먹은 뒤에 가져갈지를 꼭 묻는다. 아이들이 고르는 디저트가 대부분 아이스크림인지라 나중에 가져가겠다고 하면 영수증에 표시해준다. 햄버거를 다 먹은 뒤에 영수증을 가지고 계산대에 가서 디저트를 받아오는 것이다.

디저트로 항상 아이스크림을 고르는 세린한테 영수증을 주고 가서 받아오라고 하면 벌써 아이의 표정이 달라진다.

"엄마, 가서 그냥 달라고 하면 되나요? 뭐라고 하면 되죠? 줄이 긴데요. 저거 기다리려면 한참 걸릴 것 같은데…."

"디저트를 받아오는 건 줄을 안 서도 된다고 아까 그러지 않았니. 옆으로 가서 영수증 보여주고 디저트 달라고 하면 돼."

미적거리는 아이의 태도에 열이 막 오르려는 찰나, 세아가 영수증을 낚아채서는 계산대 앞에 줄 서 있는 사람들 잉딩이 사이를 비집고 들어간다. 머리가 계산대 위로 채 올라오지도 않는 꼬맹이가 내미는 영수증을 보고 점원이 아이스크림 두 개를 손에 쥐어준다.

"보나페티, 베베."▾

"메르시, 마담. 근데 저 베베 아니에요, 저 유치원 다녀요!"

점원뿐 아니라 줄 서서 기다리는 사람들까지 한바탕 웃게 만들고는 의기양양하게 언니한테 아이스크림을 내민다.

세린은 확실히 융통성이 좀 떨어진다. 하지만 무던한 노력파인 데다 너무하다 싶을 정도로 공부에 매달린다. 공부가 그렇게 재미있느냐고 물으면 별다른 반응이 없다. 그냥 하는 거란다. 학교 선생님들이 좋아하는 전형적인 모범생으로, 시키는 대로 군말 없이 따르고 모르면 물어보고 복습하고 예습하고 잘난 척 안 하고 나쁜 짓 안 하고 거짓말 안 하고… 모범생이란 이런 것이라고 몸소 보여주는 듯하다. 뭐든 맡기면 절대 엄마를 속이거나 딴짓을 하지 않을 거라 확실히 믿을 수 있는 아이다.

하지만 세아는 다르다. 엄마가 안 보는 데서는 얼마든지 제멋대로 할 수 있는 아이다. 쾌활하고 명랑하지만 자칫 방치하면 삐딱해지기 십상이다. 그래도 언니가 지니지 못한 적극성과 창의력을 가진 덕분인지, 놀기만 하는 세아가 미국에 와서 뜻밖에도 영재반에 들어갔다. 공부를 많이 해야 할 거라는 엄마 말에 아이의 표정에서 약간의 동요가 감지되었지만, 아무튼 세아는 자신

▾ 맛있게 먹어라, 아가야.

이 영재반에 들어갔다는 사실에 무척 안도하는 느낌이었다. 항상 공부를 잘해 자신을 주눅 들게 하는 언니 앞에서 뽐내고 싶은 아이의 심정이 충분히 이해가 갔다.

이렇게 극적으로 대비되는 성격의 자매이다 보니 서로 상대방을 도저히 이해할 수 없는 특이한 사람으로 낙인찍어버리기 일쑤지만, 그래도 두 아이 사이에 교집합은 있다. 2~3년 단위로 이 나라 저 나라를 함께 떠돌아다니면서 서로를 의지하고 서로 다른 모습으로 화음을 이루어가는 가족의 삶, 바로 그것이다.

아이 스스로 내린 결정, 전자기기를 버리다

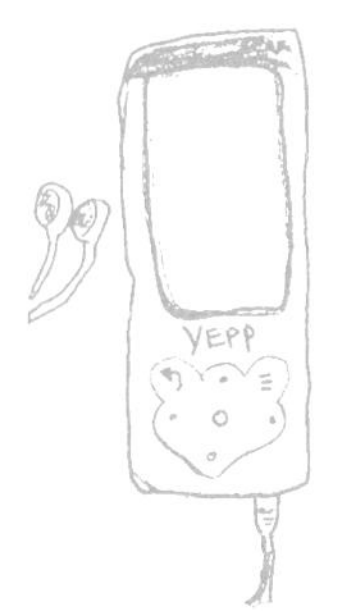

외국에 나오면 가장 그리운 것이 한국의 대중 사우나다. 7년이 넘는 프랑스 유학 생활을 마치고 귀국했을 때에도 뭐가 가장 생각나더냐는 질문에 나의 대답은 한결같이 대중 사우나였다. 유독 목욕을 좋아하는 나는 사우나가 없는 외국에서는 그나마 집에서 하는 반신욕이 더없는 낙이었다.

튀니지에서는 일주일에 한 번 정도 세린한테 등을 밀어달라고 했다. 그때마다 수고비로 1디나르▼를 주었는데, 아이는 그 돈을 모조리 저금했다. 도통 돈 쓸 일이 없는 아이한테는 나름 짭짤한 '알바'였다. 튀니지를 떠나 프랑스로 올 때는 튀니지 돈을 모두 유로화로 환전해주었다. 튀니지에서 2년 동안 모은 돈은 제법 되었다. 역시 티끌 모아 태산이라는 말이 딱 맞았다.

▼ dinar. 튀니지 화폐 단위인데, 우리 돈 약 800원 정도다.

프랑스에 와서도 세린의 알바는 계속되었다. 세린은 그렇게 받은 돈을 열심히 저금했다. 이모들이 다녀가면서 주는 돈, 설날 세뱃돈, 그리고 친한 가족들끼리 가는 야유회에서 제일 맏이인 세린이 베이비시터로 임명되어 밑의 동생들을 돌본 후 받은 수고비도 있었다.

파리에서 중학교에 입학하고 난 뒤 어느 날 세린은 나름 심각한 모습으로 내게 아이팟을 사달라고 부탁했다. 자기가 모은 사재를 몽땅 털어서 살 테니 인터넷으로 주문을 해달라는 거였다. 이미 인터넷 검색도 마친 상태였다. 나는 아이의 첫 쇼핑을 아무 생각 없이 수락했다. 몇 년 동안 착실히 모은 돈으로 사겠다는 것도 기특한 데다 학교 친구들이 모두 아이팟을 가지고 있는 마당에 혼자만 너무 동떨어져 사는 것도 썩 좋지만은 않다는 생각에서였다.

세린은 세상에서 제일 큰 보물을 가진 것처럼 기뻐했다. 이어폰을 귀에 꽂고 음악을 흥얼거리는 모습이 무척 생경하면서도, '저렇게 커가는가 보다' 하는 대견함이 밀려왔다. 친구들과 채팅도 하고 음악도 공유하고 이것저것 검색도 하며 아이는 이 조그만 전자기기를 만끽하고 있었다. 세린이 이어폰을 끼고 자기만의 세계로 빠져드는 동안 동생은 언니와의 확실한 단절을 절감하며 부러운 눈으로 언니를 바라보곤 했다.

한국으로 돌아와 중학교에 다니면서도 세린의 아이팟 사랑은 식을 줄 몰랐다. 밤늦게까지 음악을 듣고 친구들과 채팅을 하느라 그 작은 전자기기와 떨어질 줄 몰랐다. 제대로 알아듣지도 못하는 국어, 국사, 사회, 이런 과목들을 공부하느라 눈이 벌겋게 충혈되도록 연일 책과 씨름하면서 머리가 아프고 기운이 없다고 하면서도 밤마다 아이팟과 보내는 시간은 계속됐다. 이런 세린을 보며 애 아빠는 툭하면 아이한테 이 기기를 사준 분별없는 엄마를 탓했다. 아이가 자신도 모르는 사이에 아이팟에 중독되고 있으며, 아무리 피곤해도 이 전자기기를 놓지 못하면서 생활 리듬이 깨지고 주위가 산만해진다는 것이다.

무엇보다 세린 스스로 아빠의 말에 공감하고 있었다. 아무리 책상 앞에 오래 앉아 끙끙거려도 학업 능률이 오르지 않는다는 사실을 이미 느끼고 있었던 것이다. 그것이 온전히 아이팟 탓이라고는 할 수 없지만, 어쨌든 아이의 집중력을 흐트러뜨리고 자기도 모르는 사이에 너무 많은 시간을 잡아먹는다는 사실만큼은 분명하기 때문이다.

그러던 어느 주말, 여느 때처럼 외할머니 댁에 놀러간 아이들을 데리러 갔다. 막 나서려는데 피아노 위에 놓인 큰애의 아이팟이 눈에 들어왔다.

"세린아, 아이팟 잊어버렸네. 웬일이니, 저걸 다 깜빡하고."

"엄마, 그냥 두세요. 안 가져갈 거예요."

"왜?"

"그냥요. 할머니 댁에 둘 거예요."

"…"

나는 더 이상 묻지 않았다. 아이는 아이팟을 할머니 댁에 두고 오는 것으로 1차적인 자기 관리에 들어갔다. 자기 옆에 두고서는 도저히 기기에 손을 대지 않을 수 없다고 판단한 듯하다. 주말마다 아이팟을 다시 만나 일주일 동안의 회포를 푸는지는 몰라도 어쨌든 그렇게 세린은 스스로를 조이기 시작했다. 2년 가까이 함께하며 애지중지했던 기기와의 결별도 결별이려니와 무엇보다 혹독한 단절을 스스로에게 가했다는 사실 자체가 놀라웠다.

엄마와 함께 운동을 하러 갈 때면 예전에 쓰던 MP3를 들고 나갔다. 운동하는 동안에만 음악을 듣는 거니 별도의 시간을 들이거나 스트레스를 받을 이유도 없다. 세린은 점차 자기만의 공부 페이스를 찾기 시작했다. 할머니 댁에 남겨두고 온 그날 이후로 단 한 번도 아이팟을 다시 가져오지 않았다. 그리고 2013년 2월, 미국으로 갈 때도 그대로 남겨둔 채 서울을 떠났다.

중학교 2학년 아이가 생활의 균형과 리듬을 찾기 위해 열심히 모은 돈으로 산 소중한 물건, 게다가 또래 아이들과의 소통과 의식 공유 수단이기도 한 물건을 버리는 데에는 용기와 뚝심이 필요했을 것이다. 무엇보다 이런 결정을 본인 스스로 했다는 점이 기특했다. 그렇게 애지중지하던 물건을 버리는 결정을 하기까지의 그 과정이 아이한테 소중한 경험이 되리라. 그 뒤로 우리 집은 그 흔한 게임기 하나 없이 그렇게 지냈다.

사실 나는 미국 애틀랜타로 부임하면서 세린 몰래 아이팟을 챙겨가지고 왔다. 잘 숨겨서 온다고 한 것이 미국에 와서 1년쯤 지난 어느 날 무슨 물건을 찾는다고 여기저기를 뒤지던 아이한테 발각되었다. 세린은 이걸 왜 가져왔느냐며 화를 냈다.

"네가 화를 내는 걸 보니 아직 미련이 남아 있는 게로구나."

"그게 아니에요, 엄마. 그때 생각이 나서 너무 괴로워서 그래요."

"알았어, 버릴게. 다시는 네 눈에 띄지 않게 할 테니 걱정 마."

세린은 정말 괴로운 듯했다. 거실 바닥에 누워 얼굴을 두 손으로 가리고 한참을 그대로 있었다. 처음 보는 모습이었다.

아이는 그렇게 커나갈 것이다. 실수도 하고 실수를 뉘우치기도 하고 실수를 뒤돌아보기도 하고 실수를 되풀이하지 않기 위해 애쓰기도 하면서. 내가 해줄 수 있는 것은 없다. 아이를 지켜보고 보듬어주고 사랑해주는 것 밖에는.

아이를 위한 동기 부여,

생활 속 프로젝트

한국에는 보습 학원, 피아노 학원, 미술 학원 등 아이들 사교육을 위한 모든 것들이 집 주위에 포진되어 있어 편리하기 이를 데 없지만, 외국에 나오면 이 모든 것들을 포기할 수밖에 없다. 무엇보다 그런 학원이 없기 때문이다.

그래도 내가 아이들에게 시킨 유일한 사교육은 피아노 교습이다. 피아노는 혼자 배울 수 있는 것이 아니기에 최소한 악보를 보며 혼자서 칠 수 있을 정도는 가르쳐주는 것이 도리라는 생각이 들었다. 아이들은 나란히 피아노 학원에 다녔다. 뭐든지 열심인 세린은 피아노도 자기한테 주어진 과제처럼 여겼다.

이 나라 저 나라 옮겨 다니는 동안 들고 다니던 전자피아노는 프랑스를 떠나면서 아는 사람한테 줘버려서 서울에 와서는 집에 피아노가 없었다. 이사 다닐 때마다 자꾸 늘어가는 짐이 늘 처치 곤란이라 피아노를 집에 들이는 것은 아예 생각도 할 수 없었다.

세린은 피아노 학원에서 레슨이 끝난 후에도 한참을 더 연습하고 돌아왔다.

"너 연습하는 동안 세아는 뭐 하니? 세아도 같이 연습할 것 같지는 않은데…."

"쟤는 다른 애들하고 놀아요. 아유, 정말 창피해 죽겠어요. 남자애들하고 어울려서 시끄럽게 논단 말이에요."

"연습을 좀 하라고 타이르지 그러니."

"아무리 얘기해도 소용없어요. 길에서 내 손도 안 잡겠다고 마구 뿌리치고 자기 혼자 뛰어가고 그런단 말이에요."

"세린이가 고생이 많구나. 그래도 하나밖에 없는 동생이니까 네가 잘 데리고 다니렴."

아이들은 주말마다 외할머니 댁에서 지내면서 피아노를 치곤 했다. 열심히 박수를 쳐주시는 할머니 앞에서 피아노 솜씨를 뽐내는 게 즐거운 모양이었다. 늘 교육열이 넘치시는 할머니는 막내 손녀한테 주말 동안 한꺼번에 공부를 시키시곤 했다.

그리고 2013년 2월 미국으로 발령받아 애틀랜타에 짐을 푼 후 중고 전자피아노를 샀다. 그것도 키보드만 있는 거라 테이블 위에 얹어놓으면 아이들 키에 맞지 않게 좀 높다. 피아노를 어느 정도 칠 수 있는 세린은 공부하다 머리를 식히고 싶으면 피아노 앞에 앉아 이것저것 악보를 놓고 쳐보기도 하지만, 세아는 언니의 피아노 실력을 질투만 할 뿐 연습이고 뭐고 완전히 남의 이야기처럼 들을 뿐이다.

그렇게 몇 달이 지날 즈음 아이들에게 제안을 하나 했다.

"애들아, 크리스마스 때 할머니가 오신다고 했잖아. 그러니까 우리가 할머니 환영 파티를 한번 생각해보자. 할머니만을 위한 피아노 콘서트가 어떨까? 너무 근사할 것 같지 않니? 여기 피아노 옆 소파에 할머니 앉으시게 하고. 각자 연주할 곡은 너희들이 선택해. 할머니가 <아드린느를 위한 발라드>를 좋아하시니까 세린이가 그걸 치면 어떨까? 세아는 <엘리제를 위하여> 칠 수 있지? 그거 하고 또 다른 거 하나 골라보자."

아이들은 의외로 적극적이었다. 그리운 할머니를 위해 자기들이 뭔가를 한다는 생각만으로도 설레는 모양이다. 그날부터 두 녀석 모두 연습에 들어갔다. 세린은 자기가 좋아하는 모차르트 곡을, 세아는 <금지된 장난>을 골랐다.

'할머니를 위한 환영 콘서트 준비'라는 구체적인 목표가 생기자 아이들에게는 언제까지 준비를 마쳐야 하는지, 그러기 위해서 연습은 얼마나 해야 하는지, 리허설은 어떻게 할 것인지 하는 구체적인 일정이 그려졌다. 목표와 일정이 정해지니 남은 것은 실천뿐이다.

나는 세아에게 할머니를 위해 한 가지 프로젝트를 추가로 제안했다. 우리가 미국에 와서 그동안 찍은 사진을 추려서 슬라이드 형식으로 할머니 앞에서 상영하자는 것이다. 고개를 갸우뚱하며 생각에 잠기는 듯한 세아의 모습에서 나는 아이가 이미 뭔가를 구상하며 아이디어를 떠올리고 있다는 것을 알 수 있었다. 할머니가 어떤 배경 음악을 좋아하실지도 열심히 궁리하고 여러 가지 세부적인 것들을 언니와 의논하며 수없이 티격태격한다.

뭐 어차피 그런 과정 자체가 프로젝트의 한 부분이니까. 어차피 둘의 의견이 일치해야 한 가지 주제를 정해 슬라이드를 만들 수 있을 테니 말이다.

아이들은 어른들 관점에서는 생각할 수 없는 전혀 다른 세상을 보는 눈을 가졌다. 아이들의 프리즘은 어느 방향으로 굴절될지 예측이 불가능하다. 그것이 바로 아이들이 가진 최고의 매력이다. 매력을 발산하고 그 자체를 즐길 수 있도록 어른들이 해줄 수 있는 것은 시동 걸기를 위한 약간의 마중물이 전부다. 지하 깊은 곳에서 물을 끌어 올릴 수 있도록 펌프질 하는 데 필요한 마중물은 딱 한 바가지면 족하다.

불량 엄마 탈출기,

도시락과 생일파티

아이들이 프랑스에서 학교를 다닐 때였다. 가정통신문을 가져왔는데 방학식을 마치고 학교 근처 공원으로 소풍을 가니 도시락과 간식거리를 지참하라는 내용이었다. 아, 도시락이라…. 아이들은 학교에서 급식을 주는 날에도 가끔은 도시락을 싸가고 싶어 했다. 도시락을 싸오는 반 친구가 종종 있는 모양이다. 하지만 내게는 도시락을 싸는 그 험난한 길로 들어설 자신도, 그럴 마음도 없었다. 도시락 메뉴를 고민하는 것 그 자체만으로도 내게는 내일 사무실에 가서 할 일을 생각하는 것보다 몇 배는 더 고역스러울 테니까 말이다. 하지만 일 년에 한두 번 있는 소풍인데 빵집에서 파는 샌드위치를 사서 들려 보내기에는 아무리 해주는 거 없는 불량 엄마라지만 양심에 찔렸다.

하필 소풍 전날 저녁은 오래전에 정한 회식이 있는 날이었다. 회식이 끝나고 2차까지 이어졌지만 아이들 핑계로 혼자 빠져나올 상황은 더군다나 아니었다. 새벽 1시가 다 되어 집에 들어온 나는 일단 쌀을 씻어 전기밥솥에 올리고 예약 취사 버튼을 눌렀다. 알람은 5시로 맞춰놓고 잠이 들었다.

새벽 5시, 알람이 울리기가 무섭게 부엌으로 갔다. 밥 냄새가 이미 부엌에 가득 차 있다. 나는 부랴부랴 계란을 부치고 오이와 햄과 단무지를 썰고 김밥을 말기 시작했다. 아이들이 좋아하는 계란주먹밥도 몇 개 만들었다. 3시간 남짓 자고 일어난 거슴츠레한 눈은 있는 힘을 다해 부릅떠야 했다.

7시 30분, 아이들이 일어나는 소리가 들린다.

"짜잔, 엄마가 도시락 준비했지!"

나는 온갖 생색을 내며 아이들에게 도시락을 내밀었다.

"엄마, 김밥 쌌어요? 와, 고마워요. 우리 반 애들도 김밥 좋아하는데 같이 먹어도 되죠?"

"그럼, 많이 쌌으니까 충분할거야. 맛있게 먹어."

아이들은 잠보 엄마가 고작 세 시간을 자고 새벽에 일어나 김밥을 쌌다는 사실을 아는지 모르는지 아무튼 도시락을 들고 신나서 집을 나섰다. 오늘따라 유난히 아침 공기가 상쾌하게 느껴지는 건 어제 저녁 회식 자리에서 마신 술이 아직 덜 깨서만은 분명 아니다. 생전가야 아이들 아침밥 한번 제대로 챙겨줘 본 적이 없는 불량 엄마가 모처럼 모범 엄마가 된 것 같아 스스로 대견해서일 것이다.

도시락이 비교적 작은 과제라면 생일파티는 큰 과제다. 아이가 자라면서 아주 가끔씩 '밤샘 파티' 이벤트를 하거나 친구들 생일파티에 초대받는 일이 생겼다. 생일파티는 집에서 하는 경우도 있고 특별한 장소를 빌려 하는 경우도 많다. 한때 프랑스에서는 맥도날드에서 파티를 여는 게 유행했다. 미국식 패스트푸드를 혐오하는 프랑스 사람들이지만, 아이들이 좋아하는 디즈니 캐릭터로 온통 장식된 맥도날드 생일파티를 피할 도리는 없어 보였다. 실내에 정글 놀이터까지 갖춘 대형 패스트푸드점은 어린이 생일파티를 열기에는 최적의 장소였다.

생일파티는 주로 토요일 점심 때 많이 열린다. 주중에는 다들 직장에 매여 있기 때문이다. 아이들을 생일파티에 데려다주고 데려오는 일도 주말만 기다리며 일한 엄마들한테는 힘든 일과가 아닐 수 없다. 아이 덕분에 나는 참으로 다양한 종류의 생일파티에 가보았다. 패스트푸드점이나 놀이공원 파티는 가장 흔한 경우에 속한다. 영화를 보고 나서 극장 안에 있는 푸드 코트 피자집에서 파티를 하는 경우도 있고, 미술관, 박물관, 동물원, 농장, 서커스장, 수영장 등등 파티 장소도 갖가지다.

이렇게 밖에서 하는 것보다 비용은 좀 덜 들지만 엄마의 노동을 요하는 집에서 하는 파티도 있다. 특히, 아이들은 시간도 자유롭고 친구의 사생활을 엿볼 수 있는 집에서 하는 파티를 제일 좋아하는 것 같다. 물론 아이들에게 심심할 틈을 주지 않고 게임도 시키고 노래도 부르고 엄마 아빠가 헌신적으로 봉사한다는 전제 조건하에 말이다.

나는 세린이 프랑스에서 초등학교를 졸업하기 전에 꼭 집에서 생일파티를 한 번 열어주겠다고 약속했다. 초등학교를 졸업하면 친한 친구들과 모두 흩어져야 하는 데다 이런저런 핑계로 친구들을 초대하는 생일파티를 열어준 적이 없기 때문에 딱 한 번은 아이에게 잊지 못할 추억을 선물해야겠다고 결심했기 때문이다.

아이가 열두번 째 생일을 맞는 2010년 가을, 드디어 집에서 파티를 열었다. 음식은 김밥, 튀김, 잡채, 불고기 같은 아이들이 좋아할 만한 한국 요리로 준비했다. 다년간의 '워킹맘' 경력 덕분으로 번갯불에 콩 구워 먹듯 대충 후다닥 요리하는 데 선수이다 보니 그다지 어려울 것은 없었다. 딱 한 번뿐인데 이왕 하는 거 두고두고 확실하게 생색낼 수 있도록 하자고 마음먹고 나니 모든 것이 쉽게 느껴졌다.

프랑스에서 첫 번째 해외 근무를 하던 2001년 즈음만 해도 한국 음식은 프랑스 사람들에게는 무척 생소한 음식이었다. 하지만 10여 년 사이에 파리에만 한국 식당이 100개가 넘고, 비빔밥이나 불고기는 익숙한 음식이 되어 있었다. 게다가 세린은 인터내셔널 스쿨에 다니는 만큼 학교 친구들의 국적도 프랑스, 미국, 영국, 인도, 스웨덴, 일본, 중국 등으로 다양하여 한국 친구 집에서 맛보는 이색적인 음식들에 거부 반응 전혀 없이 모두 맛나게 먹어주었다.

거실은 풍선과 반짝이로 장식하고 몇 가지 게임을 준비했다. 아파트에 딸린 자그마한 공동 정원에서는 아이들과 함께 공 던지기도 하고 땅따먹기도 했다. '무궁화 꽃이 피었습니다' 놀이도 했는데 프랑스에서는 이를 '하나, 둘, 셋, 해님!'이라고 하고 놀이 방식은 똑같다. 이 놀이를 볼 때마다 동심은 국경을 초월하는가 보다 하는 생각이 들곤 한다. 아이들에게 '아이엠 그라운드' 놀이도 가르쳐주었다. "아이엠 그라운드 과일 이름 대기!" "사과 둘!", "사과, 사과!" 아이들은 난생 처음 해보는 한국 게임에 푹 빠졌다. 모두들 무릎 치고 손뼉 치며 게임에 집중하느라 생일 케이크 먹는 일도 잊어버리고 있었다.

아이들이 서서히 지쳐갈 무렵 생일파티의 하이라이트인 생일 케이크를 등장시켰다. 세린은 친구들이 건네는 생일 선물을 일일이 열어 보며 귀에 걸린 입을 다물지 못했다.

그날 생일파티로 나는 향후 10년 동안 엄마로서 큰소리칠 수 있는 터전을 구축했다. 노력 대비 효과 최고였다. 모든 것은 상대적이지 않은가. 아이는 늘 바쁜 엄마가 자기를 위해 친구들을 모조리 집으로 초대해서 생일파티를 열어주었다는 사실에 진심으로 고마워하는 것 같았다. 게다가 생일파티 프로그램을 상의하고 친구들이 좋아할 메뉴와 게임을 정하고 쇼핑을 하는 일련의 과정을 함께하면서 공동의 책임하에 추진하는 이벤트로 만들 수 있었다.

언니의 생일파티를 똑똑히 기억하고 있는 세아는 기어이 자기도 한 번은 그런 파티를 열어달라는 약속을 받아냈다. 지금까지 미뤄왔지만 시한이 얼마 남지 않았다는 사실을 기회가 될 때마다 주지시킨다. 사실 세아의 생일은 8월이라 이제까지는 항상 가는 곳마다 여름방학 중이었다. 그런데 불행히도(?) 지금 살고 있는 미국 애틀랜타는 8월 초에 여름방학이 끝난다. 더 이상 물러

설 곳이 없다.

프랑스어로 생일파티를 한 번 했으니 이번엔 영어로 한 번 치를 차례다. 참 엄마 노릇 하기 힘들다. '하면 되지, 뭐…. 이번에 하고 나면 생일파티 졸업이다! 어차피 해주기로 한 거 긍정적으로 생각하자'라며 나는 열심히 자기 최면 중이다.

부부의 취미 생활, 아이와 함께하기

키즈 카페, 요즘 우리나라에서 인기 있는 아이들 놀이 시설이다. 처음에는 아이들 데리고 마땅히 외출할 곳이 없는 엄마들을 위해 만들어진 카페 형식이었던 것 같은데 이제는 요리, 블록, 미술, 영어 등 프로그램도 매우 다양해지고 전문화되었다.

내가 아이들을 키운 프랑스나 튀니지, 미국 그 어디에서도 비슷한 시설을 볼 수 없었으니, 우리나라에만 있는 독특한 육아 시설인 듯하다. 유치원 입학 전까지 집에서 아이를 돌보는 엄마의 짐을 덜어주고 엄마들에게 최소한의 사회적 대인 관계를 보장해주는 측면에서 수요와 공급이 맞아떨어진 것 같다.

서양의 경우, 이런 식의 아이들 전용 놀이터를 갖춘 곳은 주로 패스트푸드 음식점이다. 맥도날드나 버거킹 같은 곳에는 어김없이 실내외 놀이터가 있고, 어린아이를 둔 부모들은 그 놀이터 때문에 울며 겨자 먹기로 그런 패스트푸드점에 간다.

이렇게 키즈 카페나 실내 놀이터 등 아이가 좋아하는 것에만 눈높이를 맞춰 다니다 보면, 아이가 자라는 동안에는 부모의 취미나 취향 따위는 으레 포기하게 된다. 아이는 자기만의 세계에서 노느라 정신없다. 아이가 좋아하는 것에만 집중하고 정작 내가 또는 우리 부부가 좋아하는 것에 대해서는 무감각해져도 괜찮은 걸까. 부모도 즐겁고 아이도 즐거울 수는 없을까.

우리 부부는 등산을 좋아한다. 산을 좋아하는 이유는 서로 다르다. 초보인 나는 그저 친한 사람들과 호젓하게 산을 오르며 두런두런 이야기를 나누고 산에서 내려와 뒤풀이를 하는 그 일련의 과정을 좋아하는 데 비해, 남편은 건강상의 이유로 혼자 산에 다니기 시작했다. 각자의 동기야 어찌 되었건 간에 아무튼 우리는 틈만 나면 배낭을 꾸려 전국의 산을 누비고 다녔다.

아이가 생긴 뒤로도 우리는 여전히 주말마다 산에 올랐다. 달라진 게 있다면 베이비 캐리어가 필수품이 되었다는 것이다. 아빠 등에 업힌 세린은 혼자 옹알거리다가 자다가 깨다가를 반복하며 산 공기를 마시고 풀 내음을 맡고 산새 소리를 듣는다. 반반한 오솔길을 만나면 아이를 내려 양쪽에서 손을 잡고 걸음마를 시켰다. 뒤뚱뒤뚱 걸음을 떼기 시작하면서부터 세린은 오솔길만 보이면 으레 내려달라고 했다. 엎어지고 고꾸라지면서도 잘도 걸었다.

세린이 두 돌이 채 되지 않은 여름휴가 때는 설악산을 찾았다. 우리가 처음 만난 곳이 설악산이라 아이에게도 보여주고 싶었다. 설악산 등반은 공룡능선 코스에 서북능선 코스까지 두루 해본 터라, 양폭산장까지만 오르기로 마음먹고 가볍게 나섰다. 그런데 국립공원 입구에서 비선대를 거쳐 양폭산장까지 가는 길이 이리도 험하게 느껴질 줄은 미처 몰랐다. 아빠 등에 업힌 세린한테 신경을 쓰다 보니 모든 것을 세린의 눈높이에서 볼 수밖에 없었다. 중간에 자갈돌이 계속 깔려 있는 너덜길에서는 베이비 캐리어에 실린 채 곯아떨어진 아이 머리가 어찌나 이리저리 흔들리는지 나는 옆에서 아이 머리를 잡아주느라 발이 마구 미끄러졌다.

그렇게 도착한 양폭산장에서 세린과 함께 셋이서 끓여 먹은 라면은 물을 너무 많이 부은 맹탕 라면이었지만 세상에서 가장 행복한 점심이었다. 호로록호로록 라면 가닥을 흡입하는 세린을 보며 이 세상 단 하나뿐인 우리만의 추억을 가슴속에 새겼다. 지나가던 등반객들은 우리 아이를 보며 "꼬마야, 네가 양폭산장에 발을 디딘 최연소 등산객일거다!"라며 응원해주었다.

파리에 살면서 가장 아쉬운 것은 주변에 도통 산이 없다는 것이다. 야트막한 구릉 정도는 여기저기 있어서 주말이면 경사진 구릉을 찾아 파리 주변을 무척이나 누비고 다녔다. 서너 시간씩 아이와 함께 걷는 것은 예사였다. 집에서 싸가지고 간 도시락을 먹기도 하고 오솔길을 따라 나 있는 산딸기를 따먹기도 하고 넓은 잔디가 나오면 아이와 함께 공놀이도 했다. 굳이 아이에게 자연을 접하게 해주려는 의도는 아니었다. 그저 우리의 일상적인 취미 생활을 아이와 함께할 뿐이었다.

아무리 구릉을 누벼도 산에 대한 그리움을 채우는 것은 불가능했다. 결국 우리는 연휴가 낀 주말이나 여름휴가 때면 산세 험한 곳을 향해 움직일 수밖에 없었다. 프랑스에서 산다운 산을 만나려면 스위스 국경 지역인 알프스나 스페인 국경 지역인 피레네까지 내려가야 한다. 그래도 알프스까지는 자동차로 대여섯 시간이면 닿을 수 있다.

새벽 5시, 알람 소리에 일어나 일사분란하게 짐을 싣고 곤히 자고 있는 세린을 카시트에 묶고는 그대로 달리기 시작한다. 행선지는 알프스다. 신나게 달리는 차 안에서 알프스의 광대한 자태에 대해 우리끼리 수다를 떨다가 우연히 뒤돌아보니 말똥말똥한 눈으로 엄마와 반갑게 눈을 맞추는 세린이 보인다.

"어머, 세린이 일어났네! 잘 잤어? 일어나서 엄마도 안 부르고 그냥 있었어?"

세린은 아무 말이 없다. '이 사람들 또 떴군' 하는 표정이 역력하다.

식구가 모두 함께 움직이는 생활은 둘째가 태어나서도 전혀 변하지 않았다. 하나가 아니라 둘이라 좀 더 복잡하고 번거로워지기는 했지만 이번엔 둘째 녀석을 베이비 캐리어에 태우고 우리의 취미 생활을 계속했다.

서울에 있을 때는 특별한 일이 없으면 주말마다 북한산을 찾았다. 아이들과 함께하는 산행은 산이 지니고 있는 또 다른 모습을 우리에게 선물한다. 아이들은 산에 오르는 입구부터 신이 나 있다. 유난히 몸이 가벼운 세아는 산에만 오면 빼빼 마른 다리에 날쌘 다람쥐처럼 산을 잘도 올라간다. 시원한 나무 그늘 아래 넓은 바위가 나오면 여지없이 "우리 여기서 쉬었다 가요!" 하며 먼저 자리를 잡는다. 자기 배낭에 챙겨온 캐러멜을 나눠주고 사과도 한 입 베어 문다. 오며 가며 만나는 등산객들한테 인사를 건네는 것도 잊지 않는다.

아이들은 흐르는 계곡물을 만나면 손도 담가보고, 이름 모르는 야생화를 만나면 사진도 찍고, 바위 틈새를 빠져나가거나 큰 바위를 오를 때 홀드를 잡는 방법도 익힌다. 아이들에게 산은 그저 바라보거나 그림으로만 접하는 풍경이 아니라 그 품에 안겨 걷고 만지고 숨 쉬고 느낄 수 있는 하나의 큰 놀이터다.

산에서 내려와 아이스바 하나씩을 입에 물고 깔깔대며 세아가 특히 좋아하는 손두부 집으로 발걸음을 재촉한다. 아이들은 한국을 떠올리면 아빠 엄마와 함께 다녔던 산자락과 허겁지겁 달려들어 먹었던 두부찌개를 떠올린다. 그 모든 것이 하나의 공간 속에 담긴 추억이다.

미국에 와서 가장 먼저 가본 곳은 스톤마운틴이다. 커다란 돌덩어리 하나로 이루어진 산이라서 붙여진 이름이다. 돌덩어리 하나를 온전히 빙 둘러 길이 나 있는데 10킬로미터 정도 된다. 걷는 길도 있고 뛰는 길도 있다. 중간중간 물을 마실 수 있도록 식수대가 설치되어 있는데 어른용, 어린이용, 애완견용, 이렇게 높이가 세 종류로 되어 있다. 산꼭대기까지 걸어 올라갈 수도 있고 케이블카를 탈 수도 있다. 산꼭대기라고 해봐야 빨리 걸으면 20분밖에 걸리지 않지만 주변이 완전히 평평하고 혼자만 우뚝 솟아 있어 사방이 시야에 고스란히 들어와 탁 트인 광활한 풍경을 선물로 안겨준다. 집에서 30분이면 갈 수 있어 종종 가곤 했다. 하지만 아이들도 이 돌산 오르기가 영 성에 차지 않는 눈치다. 엄마 아빠 따라 알프스와 북한산을 다니면서 다져진 등산 취미가 이제는 이따금씩 산을 그리워할 정도가 되었다.

육아와 행복은 반비례한다는 어느 작가의 글을 본 적이 있다. '부모가 된다는 것은 성인의 삶에서 맞이할 수 있는 가장 갑작스럽고 극적인 변화'라고까지 말한다. 아이에게 모든 것을 맞춰 사느라 자신의 인생을 포기하다시피 하는 것이 부모다. 하지만 그렇게 아이를 위해 자기 삶을 희생하면서 부모가 행복하지 않은데 과연 아이들은 행복할 수 있을까. 삶은 함께할 때 진정한 행복을 누릴 수 있는 것이 아닐까. 무엇보다도 아이가 부모의 불행한 얼굴을 보며 어떻게 기쁨 속에 성장할 수 있겠는가.

아이들과 부모의 교집합을 만들자. 그 교집합의 영역이 아이가 성장하면서 점차 좁아진다고 하더라도 어릴 적 인생의 전부를 차지했던 한때의 기억만으로도 그 좁은 영역을 충분히 비비고 들어갈 수 있다. 아이는 부모의 짐이 아니다. 부모의 행복을 방해하는 장애물도 아니다. 함께 추억을 쌓고 함께 고민하며 함께 가족이라는 삶을 만들어가는 동반자다.

가족 여행,

새로운 경험을 즐기다

아이들이 커가고 각자 자기만의 삶에 열중하다 보면 가족끼리의 올망졸망한 일상도 시들해지기 마련이다. 그럴 때 가족이라는 끈끈함과 따스함을 새삼 일깨워주는 것이 바로 가족만이 공유하는 추억이 아닌가 싶다.

물론 함께 떠돌이 생활을 하느라 이사 다닌 이야기도 공통의 화제지만 아이들을 대화 그 자체만으로 흥분시키는 것은 단연 여행 이야기다. 우리 가족은 정말 여행을 많이 다닌다. 그렇지 않아도 떠돌이 가족인데 굳이 그렇게 여행을 다닐 필요가 있을까 싶은 생각이 들 정도로 나돌아 다니기를 좋아한다.

프랑스에 살 때에는 주로 차를 타고 유럽 여기저기를 돌아다녔는데, 한 번 여행에 보통 6~7천 킬로미터를 달리게 된다. 유럽연합은 국경이 없다. 당연히 검문소도 없다. 가던 길 중간에 국가 표시를 해놓아 국경을 지났음을 알게 해준다. 그리고 그 지점을 통과하는 순간 바뀐 도로 표지판을 보고 다른 나라에 들어왔음을 실감한다.

"애들아, 여기서부터 벨기에야. 도로 표지가 빨간 글씨로 되어 있네!" 내가 앞 좌석에서 한마디를 던지면 뒤에 탄 아이들은 "야호~ 벨기에다!" 하며 박수를 친다. 벨기에를 지나 네덜란드로 들어가면 또 같은 상황이 연출된다. 이 나라 저 나라 국경을 마구 넘나드는 느낌이 들어 꽤 흥미진진하다. 하루에 몇 개국을 넘어가는 경우도 많다. 여러 나라들이 모여 있는 유럽은 자동차로 여행하기 참으로 안성맞춤이다.

아이들이 어릴 때는 그냥 우리 부부 마음대로 갔지만, 아이들이 점점 커가면서는 여행 계획을 세울 때 아이들도 동참한다. 세린이 열한 살, 세아가 여섯 살이 지나면서부터는 여행에서 주도권을 잡기도 한다.

"이번 여름 바캉스의 주목적지는 노르웨이다!"라고 정하면 보통 9박 10일 정도의 일정으로 치밀하게 계획을 세운다. 노르웨이까지 가는 데 벨기에, 네덜란드, 독일, 덴마크를 차례로 지나야 하고, 덴마크에서 페리 호를 타고 노르웨이로 가야 하기 때문에 하루에 달릴 수 있는 거리를 예상해야 하며, 지나는 나라마다 꼭 가봐야 할 곳을 미리 정해 그에 맞춰 숙소 등 필요한 예약을 한다. 계획을 얼마나 정교하게 세우는가에 여행의 성패가 달려 있다.

여행 계획을 세우는 데는 세린이 적극적으로 역할을 한다. 워낙 여기저기 가보고 싶은 데도 많고 어디서 주워들은 이야기도 많아 제법 다양한 정보를 제공해준다. 엑셀 파일로 세부 여행 계획을 만들고 구글 지도도 치밀하게 검색한다. 우리는 미국으로 오기 전까지만 해도 내비게이션 없이 철저하게 지도만 들고 다니는 아날로그 여행 방식을 고수했다. 두 번에 걸쳐 프랑스 근무를 하면서 유럽 지도책은 너덜너덜해졌다. 그런데도 불구하고 우리의 발자취를 고스란히 간직한 것 같은 고물 지도책을 버리지 못했다.

박물관 오픈 시간과 입장료, 유명 작품 등을 검색하는 것도 세린의 몫이다. 게다가 여행 일정과 우리가 보고 먹고 가본 모든 세부 항목을 순서대로 스크랩해서 기록으로 남기는 것 역시 세린이 한다. 용의주도하게 박물관 입장권이며 그림엽서며 안내 책자까지 모두 모아서 여기저기 붙이고, 우리가 찍은 사진 파일을 날짜와 장소에 따라 일일이 분류하는 일도 세린이 맡는다.

계획한 일정대로 일사분란하게 움직여야만 차질 없이 여행을 마칠 수 있다. 하지만 언제나 예기치 못한 일은 발생하는 법이다. 네덜란드 암스테르담에서 하루를 묵고 다음 날 아침 일찍 서둘러 숙소를 나섰다. 독일을 거쳐 덴마크 반도 맨 위까지 가야 하는 긴 일정이기 때문이다. 네덜란드 시가지를 빠져나와 고속도로로 진입했는데 핸드폰이 울렸다. 암스테르담에서 묵었던 민박집 주인이었다. 욕실에 목욕 용품을 두고 갔다는 것이다. 달리는 차 속에서 몇 초 동안 생각을 더듬었다. 목욕 용품이 담긴 가방 안에 헤어드라이어가 있다는 것이 생각났다. 심한 곱슬머리인 내게 헤어드라이어는 필수품이다.

“가지러 가자!”

부랴부랴 고속도로 출구를 빠져나와 거꾸로 민박집을 향해 달렸다. 결국 예상 시간보다 한 시간이나 지체되었다. 독일에선 고속도로 제한 속도가 없으니 시간을 보충할 수 있을 거라고 기대했으나, 우리의 기대는 여지없이 무너졌다. 여름휴가철을 맞아 독일 고속도로는 대대적인 정비 공사가 한창이었다. 양방향 차선을 반으로 줄여 운행하고 있었다. 시속 90킬로미터를 넘기기가 어려웠다. 배라도 타야 하는 일정이었다면 정말이지 모든 것이 엉켜버릴 상황이었다.

아수라장 같은 공사판 독일 고속도로를 벗어나 한적한 덴마크 해안 도로를 굽이굽이 한참을 달려 밤 9시가 다 되어 겨우 바닷가 캠핑장 안에 있는 숙소에 도착했다. 바다라는 것이 믿기지 않을 정도로 고요한, 청명한 은빛을 머금은 덴마크 바닷가는 조마조마함으로 인한 하루의 피로를 날려버리기에 충분했다.

그렇게 도착한 노르웨이는 우리의 기대를 저버리지 않았다. 짙푸른 피오르 해안과 그 바다와 똑같이 짙푸른 하늘, 터질 듯이 풍성한 나뭇잎, 사람의 흔적을 찾아볼 수 없는 산골짜기와 그 사이사이 나타나는 빙하, 참으로 경이로운 광경이다.

한적한 시골길 한쪽에 차를 세워두고 트레킹화로 갈아 신은 뒤 도로를 벗어나 산길로 접어들자 여기저기서 방목하는 양 떼들이 보인다. 아무렇게나 풀어놓은 양들이 "메엠, 메엠" 하며 우리 뒤를 졸졸 따라온다. 세아는 진짜 새끼 양처럼 "메엠, 메엠" 흉내를 내며 장난을 친다. 아이가 양 떼를 따라가는 건지 양 떼가 아이를 따라오는 건지 분간이 되지 않는다. 모든 것이 그저 거대하고 눈부시게 아름다운 자연의 일부일 뿐이다. 들판에 흩뿌린 것 같은 야생화와 저만치 깎아지른 듯 내리꽂은 빙하, 하얀 양 떼들과 짝을 이루는 뭉게구름, 이 모든 천혜의 자연이 아이들의 기억 속에 그대로 자리 잡는다.

차가운 빙하의 계곡물로 얼굴을 씻으며 "우리 얼굴이 빙하가 될 것 같아요!" 하고 외치는 아이들은 이 장면을 자기들 기억 어딘가에 걸어둘 것이다. 생각날 때마다 이따금씩 꺼내서 바라보는 그림엽서처럼 말이다.

노르웨이 빙하를 뒤로 하고 오슬로까지 나오는 길은 속도제한이 심해 좀처럼 거리가 좁혀지지 않는다. 우리 식구는 겨우 오슬로 미술관 폐관 시간 직전에 도착했다. 남편은 자기가 차를 주차하는 동안 어서 들어가서 구경하라고 했다. 우리는 차에서 내려 쏜살같이 미술관으로 들어갔다. 미술관 경비 아저씨는 "저기, 저기 2층 계단으로 가세요. 뭉크가 거기 있어요!" 하며 소리 높여 말했다. 미술관 폐관 시간 직전에 아슬아슬하게 도착해서 뛰어 들어오는 우리의 모습이 필사적으로 뭉크의 <절규>를 보기 위해서임을 눈치챈 것이다. 아마도 미술관에 도착하자마자 이 그림이 어디 있냐고 묻는 관광객들을 많이 상대했을 터였다. 그 넓은 루브르 박물관에도 '모나리자 ☞☞' 이런 표시가 사방에 붙어 있다. 필경 여기도 마찬가지이리라 짐작이 갔다.

그렇게 우리는 뭉크의 <절규>를 마주하고 섰다. 그림을 마주하고 선 이 장면 자체가 극적이다. "엄마, 짜잔~~" 세아가 입을 있는 대로 벌린 채 양손을 볼에 대고 그림과 똑같은 포즈를 취했다. 우리는 터지는 웃음을 참느라 애쓰며 서둘러 다른 그림들을 둘러보았다.

애들 아빠의 희생 덕분에 우리는 명화들을 감상한 촉촉한 눈을 반짝이며 오슬로 시내를 둘러보았다. 밤하늘 아래 파도가 철썩대는 오슬로 바닷가는 참으로 신선했다. 우리 식구들은 아이스크림 하나씩을 손에 들고 바닷가가 내려다보이는 공원에 앉았다. 멀리 불빛이 반짝이는 유람선들이 여러 대 보였다.

"우리 예전에 튀니지에서 프랑스로 올 때 저런 큰 배 타고 왔죠, 엄마."

세아는 튀니지에서 보따리를 싸서 프랑스로 오던 기억을 떠올렸다.

"그래, 맞아. 우리 차도 배에 같이 싣고 왔잖아."

"그때 정말 파도가 심했어요, 그치요? 그래도 저는 잠을 잘 잤어요."

여행은 가족의 화젯거리를 풍부하게 해주는 공동의 추억 만들기다. 여행에 대한 추억은 퇴색하지 않는 그림책 같다. 그 추억의 그림책을 넘기며, 때로는 그림책 한구석에 박힌 기억을 더듬으며 이야기하고 웃고 그리워하면서 가족의 사랑은 깊어간다.

epilogue

글로벌 마인드, 세상을 향한 힘찬 발걸음

"엄마, 우리 이번엔 어느 나라로 이사 가요?"

아이들이 궁금해하는 것은 지극히 타당하다. 나도 궁금하다.

이 나라 저 나라를 떠도는 사이, 어느덧 두 아이는 고3, 중1이라는 인생에서 중요한 시기를 곧 맞게 된다. 어느 나라에서 어떤 학교에 다니게 될지 그리고 어떤 친구들을 만나게 될지 아는 것이 아무 것도 없는 상태에서 막연한 궁금증과 불확실성 속에 그저 엄마를 따라나서야 하는 아이들로서는 외교관이라는 엄마의 직업이 그리 마땅치 않을 것이다.

모든 것이 불분명하고 몇 년 후를 예측할 수 없는 환경 속에서 아이들이 확고하게 갖게 된 생각이 하나 있다. 엄마의 직업은 절대로 갖고 싶지 않다는 것이다.

"엄마, 저는 절대로 외교관이 되고 싶지 않아요!"

친구를 좀 사귀어볼라치면 헤어지고, 한 곳에 좀 익숙해질라치면 다시 떠나고, 짐 정리 다 하고 이제 제대로 살아볼라치면 다시 짐 싸고…. 엄마의 직업으로 인해 어쩔 수 없이 정처 없는 떠돌이 삶을 살고 있지만, 평생을 이런 식으로 살고 싶지는 않다는 아이들의 마음이 십분 이해되고도 남는다. 외교관 엄마를 둔 덕분에 특별한 환경에서 자라지만 할머니 할아버지가 그립고 이모도 보고 싶고 오래 사귄 친구도 가지고 싶은 지극히 평범한 아이들의 바람을 모르지 않는다.

이런 아이들을 위해서 내가 해줄 수 있는 것은 별로 없다. 주변에 휩쓸리지 않고 스스로 자신의 길을 선택할 수 있도록, 그리고 꿋꿋이 그 길을 걸어갈 수 있도록 자신감과 용기, 정체성을 심어주는 것 말고는 말이다. 일단 선택한 길로 들어서면 자기 길을 가기 위해 필요한 배낭은 자신이 직접 꾸려야 한다. 그 안에 무엇을 얼마나 담을 것인지, 어떻게 소비하고 언제 다시 채울 건지 등의 모든 계획은 스스로 알아서 세워야 한다. 아무리 아이를 사랑한다고 해도 엄마가 아이의 인생을 대신 살아줄 수는 없는 것 아닌가. 아이에 대한 최고의 사랑은 혼자서 자기 인생을 잘 살아가도록 그리고 어려움이 닥쳐도 무너지지 않도록 자립심을 키워주는 것이다.

워킹맘의 아이들은 아주 가끔이더라도 일하는 엄마의 모습을 보며 자란다. 세린과 세아도 내가 많은 사람들 앞에서 연설을 하거나 강연하는 것을 볼 때면 표정이 사뭇 진지해진다. 연설을 마치고 단상에서 내려올 때 엄지손가락을 치켜 보이며 응원을 대신하는 아이들과 눈이 마주치는 순간, 모든 긴장이 스르르 풀린다. 아이들 눈에는 엄마가 어떻게 비칠까. 외교관이 대체 뭐하는 사람이라고 생각할까. 엄마의 직업에 대해 그리도 궁금해하는 세아는 엄마가 많은 사람을 만나고 사람들 앞에 나서기 위해 자료를 찾고 공부하고 연설 연습을 해야 하는 고단한 일을 한다고 짐작하는 듯하다.

이 책을 쓰는 내내 아이들은 엄마가 자기들 이야기를 쓴다는 사실에 신나 보였다. 꽤 관심을 보이며 이따금씩 마음속에 담아 두었던 이야기를 들려주기도 하고, 둘이 붙어 앉아 엄마는 모르는 자기들끼리의 속내를 서로 주고받기도 했다. 내가 초고를 완성하여 원고를 건네자 두 아이 모두 끝까지 읽어주었다. 큰애는 그렇다 치고, 책 읽기 싫어하는 작은 녀석이 원고를 끝까지 다 읽은 것은 정말 의외였다.

"엄마, 제가 튀니지에서 그렇게 유치원에 가기 싫어했어요? 엄마 힘드셨겠네요."

원고를 다 읽고 나서 세아가 내게 해준 유일한 코멘트다.

늘 꼼꼼하고 매사에 사명감이 넘치는 세린은 원고에 직접 자신의 느낌을 적어서 주었는데, '죽이 되든 밥이 되든 같이 산다'라고 적힌 글 아래에 연필로 이렇게 쓰여 있었다. '이것도 마음대로 안 되네요. 엄마 혼자 알제리로 가시게 되었으니….'

그랬다. 나는 알제리로 발령을 받았다. 2015년 8월, 미국을 떠나 알제리로 부임하면서 우리는 죽이 되든 밥이 되든 같이 산다는 의지를 접을 수밖에 없었다. 아프리카 북서부, 아랍계 나라인 알제리는 테러 위험 지역이라 위험하고 학교도 없어서 가족을 두고 나 혼자 가야 했다. 이산가족이 된 것이다.

처음으로 엄마와 떨어져 살게 된 아이들이 한국 생활에 잘 적응할 수 있을까. 한참 힘든 시기에 가족이 떨어져 살아야 하다니,

아이들에게 너무 가혹한 변화가 아닐까. 더구나 고3이라는 치열한 경쟁의 한복판에 놓일 세린이 한국의 입시 지옥을 잘 견뎌낼 수 있을까. 아이가 고3이면 엄마도 고3이 되어 이곳저곳 입시 설명회를 다니며 아이의 입시 준비에 동참한다는데…. 입시 준비생 딸을 내팽개치고 머나먼 아프리카 땅에서 내 할 일만 하며 지내도 되는 건가 하는 생각에 걱정과 자책감이 꼬리에 꼬리를 문다.

하지만 그것도 생각뿐, 어느덧 넉 달이 지났다. 엄마도 어쩔 수 없는 상황이라는 걸 이해해주고, 멀리서나마 열심히 응원하고 있다는 사실을 알아주기를 기대하며 미안한 마음을 접어본다.

곁에 있어도 늘 그리운 아이들이다. 그래도 아이들 인생은 아이들 것이다. 엄마 인생에서 많은 부분을 함께해준 아이들이지만 영원히 함께 살 수 없는 것이 우리의 삶이다. 아이들 등을 도닥여주고 손뼉을 쳐주고 고민을 들어주고 이따금씩 엄마가 일하면서 느끼는 것들을 이야기해주련다. 무엇보다 가족만의 추억을 쌓고 그것을 기억하고 간직할 수 있도록 해주는 것이 내가 아이들을 위해 해줄 수 있는 최선이다.

내 아이들이 살아갈 세상은 우리 세대가 살아온 세상보다 훨씬 넓으면서 가깝고, 훨씬 복잡하면서 글로벌하다. 눈을 들어 그 세상을 보도록 해주자. 마음을 열고 세상으로 나아가도록 도와주자. 힘차게 뛰어다닐 수 있도록 해주자. 그것이 우리 아이들의 힘이고, 바로 그것이 우리 엄마들의 저력이다.

유복렬

현역 외교관이자 두 딸의 엄마다.1985년 이화여자대학교 불어교육과를 졸업한 뒤 곧바로 프랑스로 유학을 떠나 1992년 프랑스 캉 대학교에서 프랑스 문학박사 학위를 받았다. 서른다섯 살에 결혼하고 이듬해에 큰딸 세린을, 마흔한 살에 작은딸 세아를 낳았다. 사교적이고 적극적인 성격으로 스스로 외교관을 천직으로 여기지만 어릴 적 지녔던 작가의 꿈을 여전히 버리지 못하고 있다. 외교부에서는 프랑스 전문가로 통하며, 뛰어난 프랑스어 실력으로 10년간 대통령의 통역 업무를 맡기도 했다. 주프랑스 대사관(2회 근무), 주튀니지 대사관, 주애틀랜타 총영사관을 거쳐 지금은 주알제리 대사관 공사참사관으로 재직 중이다. 2011년 9월, 외규장각 의궤 반환에 기여한 공로로 근정포장을 받았다.

박사 학위 논문 〈앙드레 말로의 소설에 나타난 동양이라는 주제의 전개〉 외에도 다수의 프랑스 문학 연구 논문을 발표했고, 《사랑하는 엄마》《인간 속의 악마》《반항의 의미와 무의미》《그리스 로마 신화》《덧없는 인간과 예술》 등의 번역서를 냈으며, 저서로는 《돌아온 외규장각 의궤와 외교관 이야기》가 있다.

외교관 **엄마의** 떠돌이 **육아**

초판 1쇄 인쇄일	2015년 12월 18일
초판 1쇄 발행일	2015년 12월 22일
지은이	유복렬
그린이	세린＋세아
펴낸이	김효형
펴낸곳	(주)눌와
등록번호	1999. 7. 26. 제10-1795호
주소	서울 마포구 월드컵북로16길 51, 2층
전화	02 3143 4633
팩스	02 3143 4631
이메일	nulwa@naver.com
페이스북	www.facebook.com/nulwabook
블로그	blog.naver.com/nulwa
편집	김선미, 김지수
디자인	최혜진, 이현주
마케팅	최은실, 이예원
용지	정우페이퍼
출력	블루엔
인쇄	미르인쇄
제본	상지사

ISBN 978-89-90620-77-4 03590